體脂肪&肥贅肉 OUT!

29招 打造逆齡S曲線

每天10分鐘

輕鬆鍛鍊

背肌 腹肌 腰大肌

前言

「老化」是每個人都必須要面對的，而「老化」徵兆就隱藏在日常生活中。但事實上，即使已經隱約感覺到老化的徵兆，大家通常也不想承認。

本書正是獻給認為「我的身體還可以，不要緊！」的你。

隨著日本人的壽命延長，生活水準越來越高，相對也產生了文明病及代謝症候群，甚至導致比代謝症候群更可怕的肌少型肥胖症等問題。此外，由於人類變得長壽，進而衍生出臥病不起等種種問題。如果想一直保持健康，避免臥病不起，請一定要鍛鍊背肌、腹肌和腰大肌。

本書所介紹的運動計畫（伸展運動和肌肉鍛鍊），步驟簡單容易，即使平常不太運動的人也能立刻開始進行。進行減肥或肌肉鍛鍊時會半途而廢的人，往往是因為不了解肌肉鍛鍊和伸展運動的必要性，只做自認辦得到的程度，因此才無法持續下去。在不了解原理的前提下貿然鍛鍊，多半難以順利持續下去。

因此，請你先理解培養運動計畫的必要性後，再循序漸進地練習。

現在就跟著這本書的運動計畫，養成讓自己始終年輕有活力的習慣吧！

久野譜也

Contents

part 1

年輕的祕密在於擁有「背肌」和「腹肌」

part 2 伸展運動&肌肉鍛鍊讓身體變年輕

STORE

2週後開始再持續進行2週　伸展運動&肌肉鍛鍊……70

進行1個月之後再持續1個月　伸展運動&肌肉鍛鍊……76

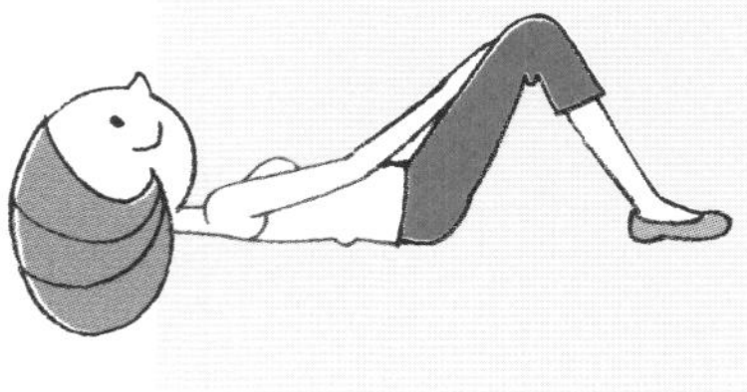

part 3

可在日常生活中進行的身體鍛鍊

實用附錄

一邊做〇〇
一邊鍛鍊肌肉吧

Check! 潛藏在生活中的「老化徵兆」你察覺到了嗎？

「老化」的徵兆不只表現在年齡上，更潛藏於日常生活中。
以下15個徵兆，你中了幾個呢？馬上來檢查一下吧！

●檢查生活習慣●

- [ ] 即使只需步行5分鐘的路程，也忍不住想坐車過去。

- [ ] 等捷運或公車的時候，會忍不住想找椅子坐。

- [ ] 一從椅子上站起來便會立刻用手扶住桌椅。
- [ ] 停車時，會找距離停車場入口最近的位置。
- [ ] 只要有電梯和手扶梯一定會乘坐，絕對不走樓梯。

●檢查體力●

- □ 好像越來越難扭開保特瓶的瓶蓋。
- □ 很難單腳站立著穿褲子或裙子
- □ 穿涼鞋或脫鞋的時候，有時會差點絆倒。
- □ 挺直腰背取高處的碗盤或書本時，身體會搖搖晃晃。

●檢查其他部分●

- □ 閱讀報紙或書籍時，難以辨識較小的字體。
- □ 不管體重有無增減，褲子大腿的部分似乎越來越緊繃。
- □ 最近沒買什麼新衣服。
- □ 有時會覺得假日得出去買東西或外出很麻煩。
- □ 幾乎不和別人談論關於體型變化和健康的話題。
- □ 外出時，絲毫不在乎別人是否會注意自己的穿著。

所有項目都檢查之後，如果出現6項以上的徵兆，就表示你已經在「老化」了。
請閱讀並實行本書的內容，努力保持年輕，延緩「老化」吧！

（筑波大學久野研究室＆筑波養生研究機構2013）

序章

持續鍛鍊「肌肉」就不會臥病不起

關於老化，可說是人人平等，每個人遲早都會遇到。但是肌肉量的多寡，會明顯影響身體的老化程度。只要持續鍛鍊「肌肉」，不僅可以預防肌少型肥胖症及臥病不起，還能讓你活到90歲依舊活力充沛。

每個人都會面臨老化

每個人都會隨著年紀變大而衰老

隨著年紀變大，每個人都會老化。例如，年輕時爬樓梯明明臉不紅氣不喘，最近爬樓梯卻氣喘吁吁，即使在平地走路也動不動差點跌倒……想必大家多少都有這種經驗吧？

先依照第16至17頁內的項目對自己做個檢測吧！這兩頁所列舉的檢測項目，就是一般人最常發生的典型「老化」範例。老化不僅會表現在體力上，也會反映在生活習慣和自己的意識、心情上。因為，老化總是在不知不覺中降臨。

平均壽命正在延長，控制老化才是最好的辦法

目前日本人的平均壽命，男性是59至79歲，女性是35至86歲（根據厚生勞動省2010年都道府縣別生命概況表的資料）這也顯示現代人越來越長壽了。

不過，正如第21頁圖表所顯示的結果，臥病不起的人也越來越多。人生在世難免會經歷生老病痛，因此，最好的生活方式就是延長健康的壽命，才能在不用麻煩別人照顧的情況下，享有活力充沛又長壽的生活。為了達成這種生活方式，最好的辦法就是控制「老化」。讓我們一起了解保持活力的方法，過著健康幸福的生活吧！

臥病不起的人數比例正逐漸增加

因跌倒而骨折的話就有可能臥病不起

當您在走路時，是否有感覺到自己比年輕時更容易跌跌撞撞呢？隨著年紀漸長，在無障礙的平地行走時，腳步踉蹌的情況也跟著增加了。如果只是腳步不穩還無妨，但也有人不小心跌倒就骨折，甚至因為骨折而從此臥病不起。一旦臥病不起，便無法盡情享受人生了。**臥病不起，是大家都應該竭力避免的情況。**

邁入高齡社會後臥病不起的病例也逐漸增加

左頁上方圖表是按年齡別所呈現出需要看護，亦即臥病不起的病患比例。從圖表中可明顯了解到，臥病不起的比例會隨著年紀而增加。根據圖表顯示，男性70至74歲、女性75至79歲這個年齡層，約有一成的人正在接受看護照顧。該年齡層比平均壽命（請見第19頁）年輕五歲以上，由此得知，越是邁向高齡，臥病不起的比例也隨之增加。

左頁下方的圖表，則顯示需要醫療看護的成因。因為骨折或跌倒而臥病不起的病患就佔了約一成的比例。

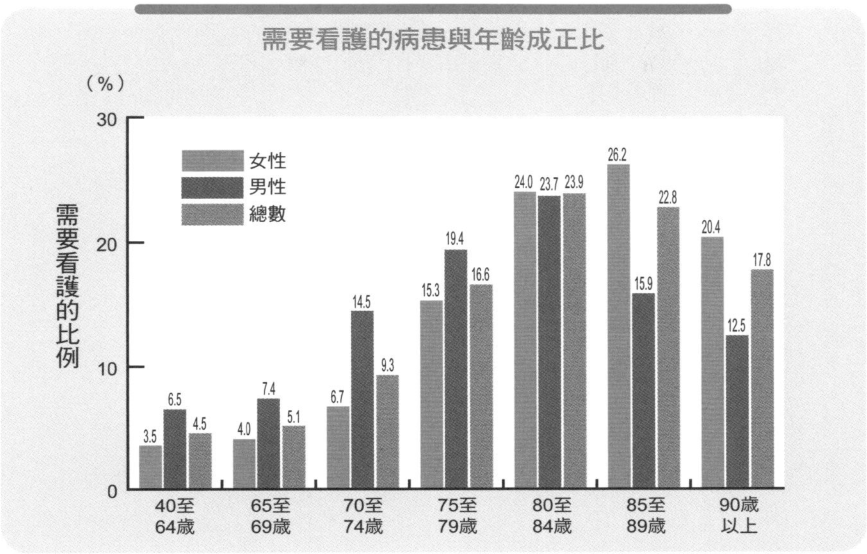

（資料來源：厚生勞動省 平成22年國民生活基礎調查）

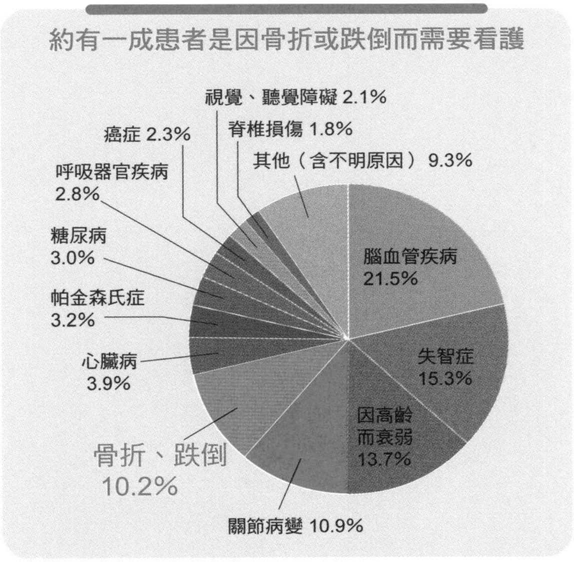

（資料來源：厚生勞動省※平成22年〔2010年〕國民生活基礎調查）
※日本「厚生勞動省」相當於台灣兼具衛生署與勞委會功能的政府機關

目前我們正邁向高齡社會，可以想見臥病不起的病例將會持續增加。

肌肉量過少是導致臥病不起的原因之一

越是懶得動肌肉越會年年衰弱

為什麼隨著年齡增長，就容易走路腳步不穩，進而發生跌倒和骨折的情況呢？那是由於肌肉會隨著年紀增加而衰退。從第33頁上方的圖表可以看到，過了40歲，我們身上的肌肉會逐年衰退1％。

「腰大肌」衰弱是導致走路跌倒的主因

人類是用雙腳行走，因此走路時，不但會使用臀部和腳上的肌肉，還會運用到位於上半身的腹肌和背肌，以及腰大肌（請見第40頁）。想必會有人認為「只要每天走很多路就沒問題了」，但事實上，雖然走路會用到肌肉，**但光靠走路，是鍛鍊不到腹肌、背肌和腰大肌的。**

一旦肌肉衰退，把腳往上提的肌力就會變弱，漸漸變成「拖著腳步走路」。如此一來步伐就容易不穩或跌倒，甚至因此骨折、臥病不起。尤其是這塊位於腰內，連接背骨和大腿骨的「腰大肌」，如果這塊肌肉衰弱，走路會更容易跌倒。因此，若想要活力充沛地走下去，**從現在開始，就得鍛鍊相關肌肉群。**

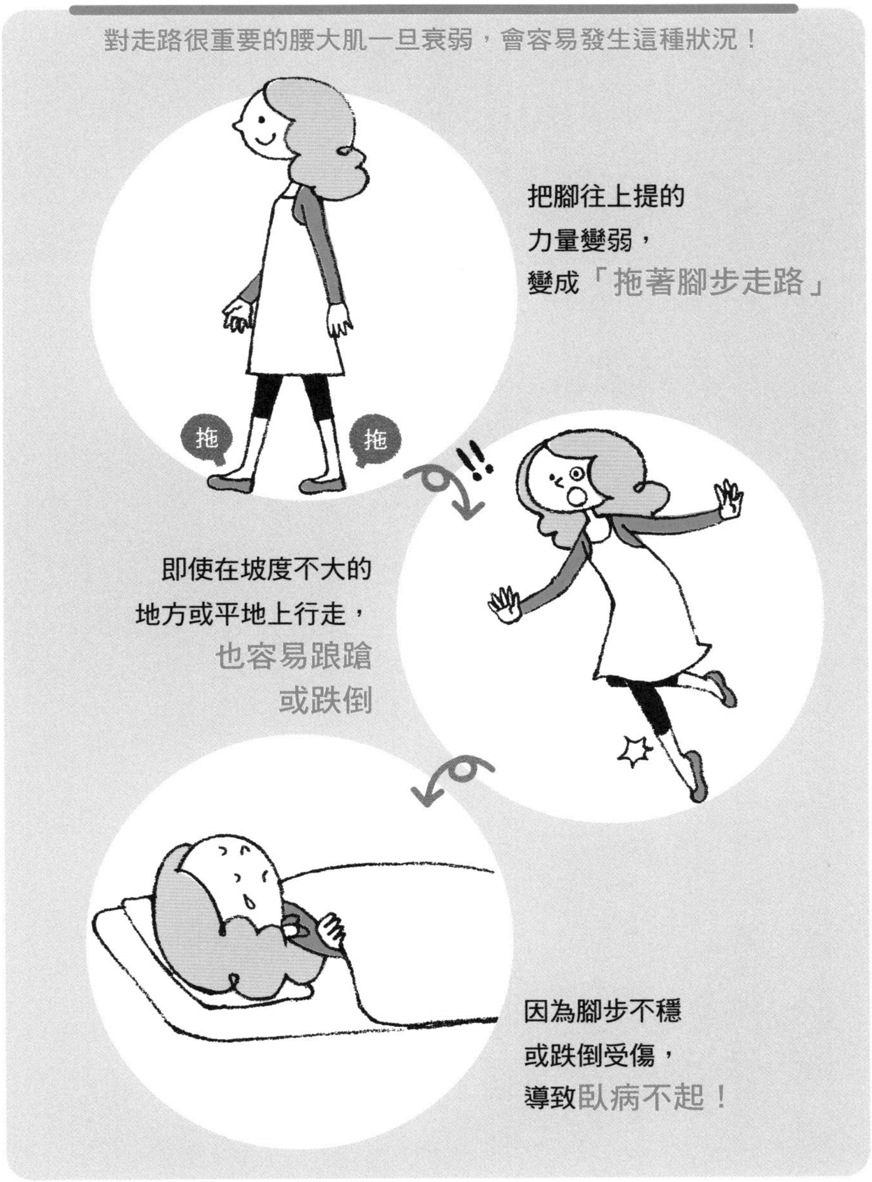
對走路很重要的腰大肌一旦衰弱，會容易發生這種狀況！
把腳往上提的
力量變弱，
變成「拖著腳步走路」
拖
拖
!!
即使在坡度不大的
地方或平地上行走，
也容易踉蹌
或跌倒
因為腳步不穩
或跌倒受傷，
導致臥病不起！

肌肉量過少也會導致「肌少型肥胖症」的發生

任何人都會發生「肌少症」

大家可能聽過「肌少型（Sarcopenia）」這個名詞。在拉丁語中，Sarco是肌肉的意思，penia則是減少的意思。因此，「肌少型（Sarcopenia）」代表的就是肌肉隨著年紀增長而減少。

任何人的年紀都會增長，這也意味著肌少症可能會發生在每個人身上。肌少症是一種無法被控制，也從未發生在早期人類壽命較短時的病症，可說是種長壽病。

罹患代謝症候群的人，也許目前僅出現代謝症候群的症狀，不過隨著年歲漸長，也有罹患肌少症的可能性。目前已知60歲以上的人容易罹患肌少症。由於平均壽命逐漸變長，可想而知，罹患肌少症的比例也會跟著增加。

比肌少症更恐怖的肌少型肥胖症

比肌少症更恐怖的就是「肌少型肥胖症」。這是指肌少症和肥胖一起發生的合併症狀。

有些人因為年輕時就肥胖，年紀大時演變成肌少型肥胖症；也有人是因為年紀大而肌肉衰退，身體累積脂肪所引起的。

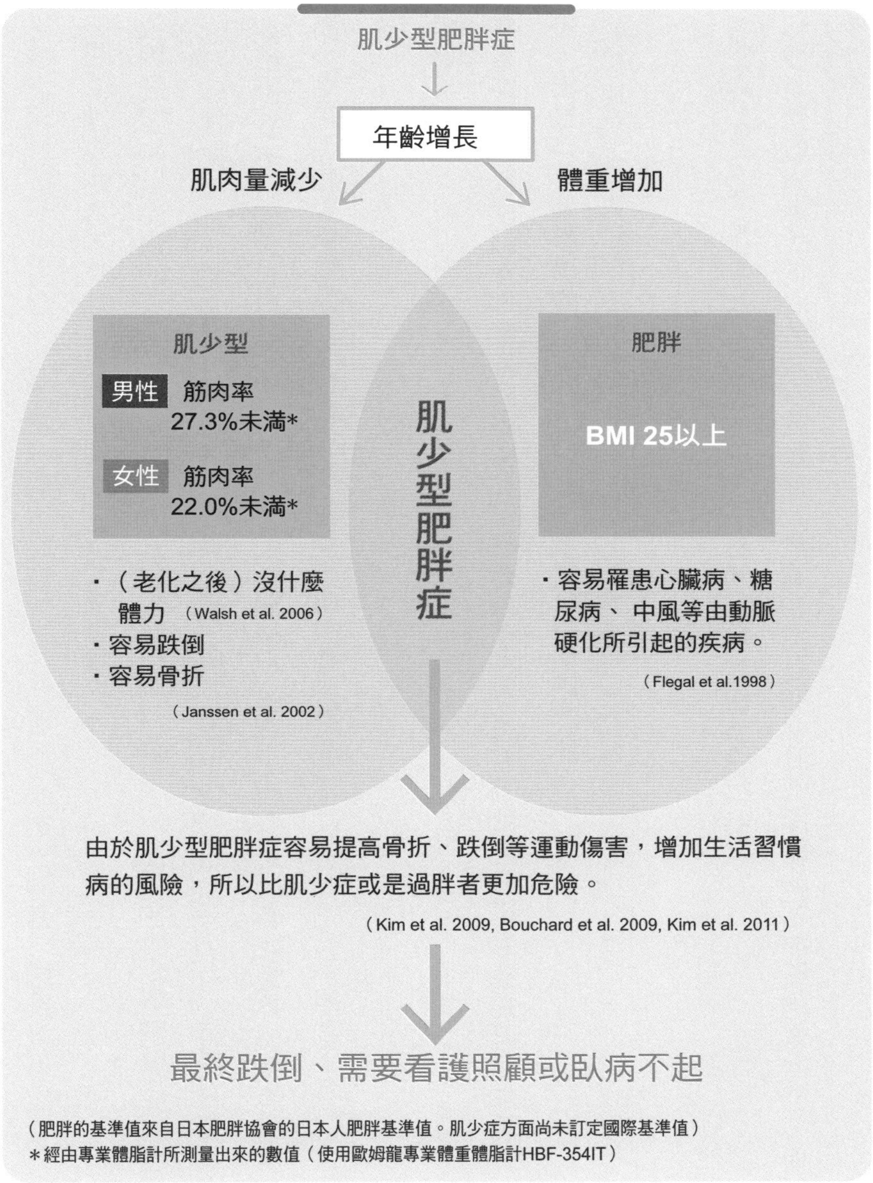
肌少型肥胖症
年齡增長
肌肉量減少
體重增加
肌少型
男性 筋肉率
27.3%未滿*
女性 筋肉率
22.0%未滿*
肌少型肥胖症
肥胖
BMI 25以上
・（老化之後）沒什麼體力（Walsh et al. 2006）
・容易跌倒
・容易骨折
（Janssen et al. 2002）
・容易罹患心臟病、糖尿病、中風等由動脈硬化所引起的疾病。
（Flegal et al.1998）
由於肌少型肥胖症容易提高骨折、跌倒等運動傷害，增加生活習慣病的風險，所以比肌少症或是過胖者更加危險。
（Kim et al. 2009, Bouchard et al. 2009, Kim et al. 2011）
最終跌倒、需要看護照顧或臥病不起
（肥胖的基準值來自日本肥胖協會的日本人肥胖基準值。肌少症方面尚未訂定國際基準值）
＊經由專業體脂計所測量出來的數值（使用歐姆龍專業體重體脂計HBF-354IT）

一旦肌肉衰退，經由肌肉消耗的基礎代謝也相對減少許多，加速肥胖的腳步。如此一來，就算每餐食量不變，無法消耗的養分就會轉為脂肪囤積起來，成為肌少型肥胖症。一般認為，肌少型肥胖症比代謝症候群更容易引發糖尿病、高血壓等生活習慣疾病。另外，因跌倒導致骨折臥病不起的可能性也很大，比代謝症候群更恐怖，更需要警惕。

我們針對40至80歲的六千名男女調查的結果顯示：無論男女，罹患肌少型肥胖症病患者人數皆在60歲開始增加。進入70歲之後，罹患肌少型肥胖症的人竟占3成左右（請見左頁下方圖表）。由左頁下方圖表可以了解到女性患病的比例較男性高。也許是因為女性停經後容易累積內臟脂肪，間接引起肌肉量減少，所以更容易罹患肌少型肥胖症。

是否為肌少型肥胖症可由BMI和肌肉率來判定

雖然目前尚未有明確判定肌少症及肌少型肥胖症的方法，但我們可利用過去到現在累積的研究成果，根據以下列舉出的條件來判定是否罹患肌少型肥胖症。

男性的肌肉率　未滿27.3％＊

女性的肌肉率　未滿22.0％＊

BMI（Body Mass Index）25以上（BMI的計算方法請見第45頁）

只要身體肌肉率大於右方列舉的數值，無論70還是80歲時都能繼續增加肌肉量的話，便可預防肌少型肥胖症的發生。只要增加肌肉量，就能維持走路和站立的肌力，這樣就能夠防止肌少型肥胖症的發生，讓人始終生龍活虎，充滿活力。

＊經由專業體脂計所測量出來的數值（使用歐姆龍專業體重體脂計HBF-354IT）

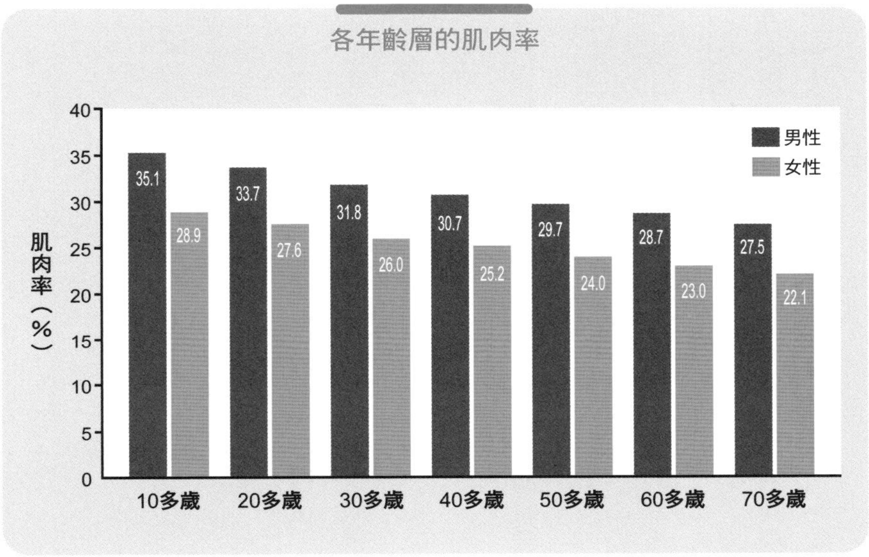

（筑波大學 久野研究室 2012）

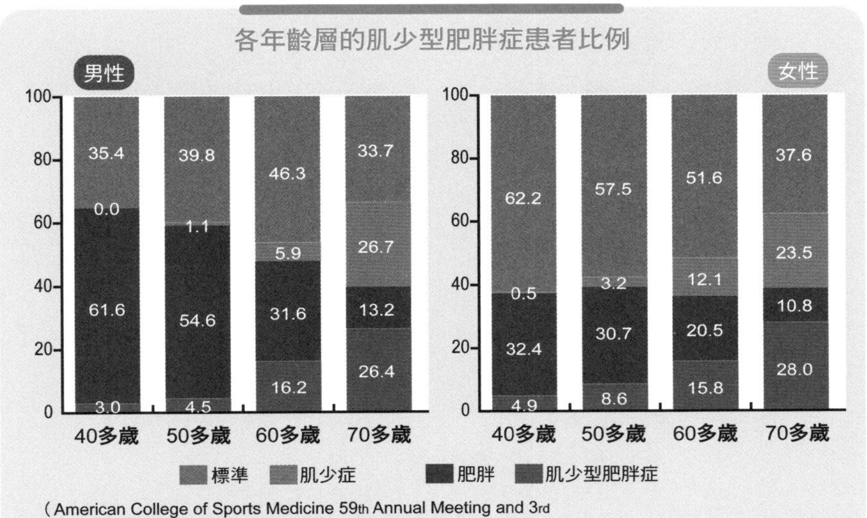

（American College of Sports Medicine 59th Annual Meeting and 3rd World Congress on Exercise in Medicine（Kim and Kuno et al., 2012））

（筑波大學 久野研究室 2012）

肌少型肥胖症會引發各種症狀和疾病

肌肉減少後，不僅基礎新陳代謝會減弱，身體還會產生各種問題

有時可能會在無障礙平地上步履不穩，甚至因此而跌倒、骨折。

一旦肌肉減少，就會容易疲勞、變得很不耐站、想馬上坐下來、連單腳站著穿雙襪子都有困難，站起身來更是費力。這意味著肌少型肥胖症會使日常生活造成諸多不便，讓生活的各方面感到辛苦費力。

罹患肌少型肥胖症會讓生病的機率上升

罹患肌少型肥胖症之後，不僅生活會變得辛苦，就連罹患其他疾病的機率也會大幅上升。

左頁上方的圖表中，顯示臥病不起的機率。雖然體力不足易導致臥病不起，但從圖表中可以看出，和標準身體相比，無論男女，肌少症或肌少型肥胖症患者臥病不起的機率比肥胖者還高。

高血壓也是同樣的情況。從頁下方的圖表可以明顯看出，罹患肌少型肥胖症後，轉為高血壓族群的機率男性為1.7倍，女性是2.2倍。

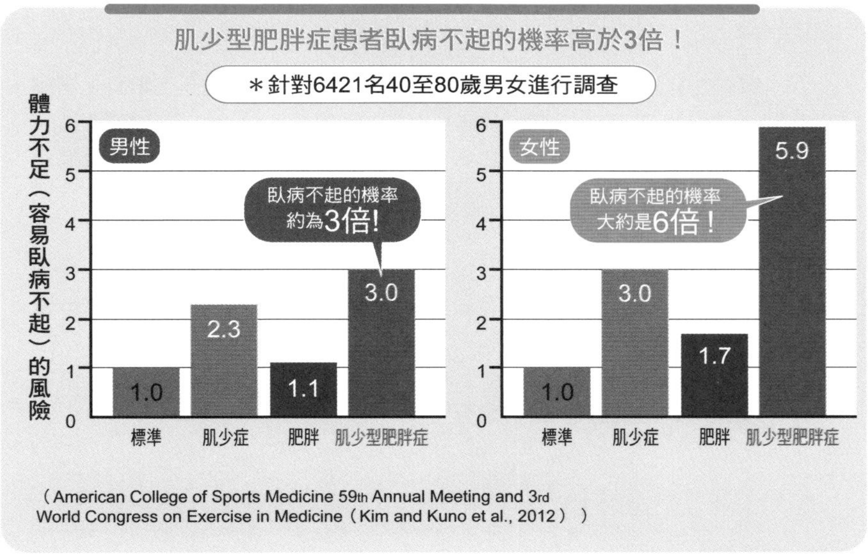

（筑波大學 久野研究室 2012）

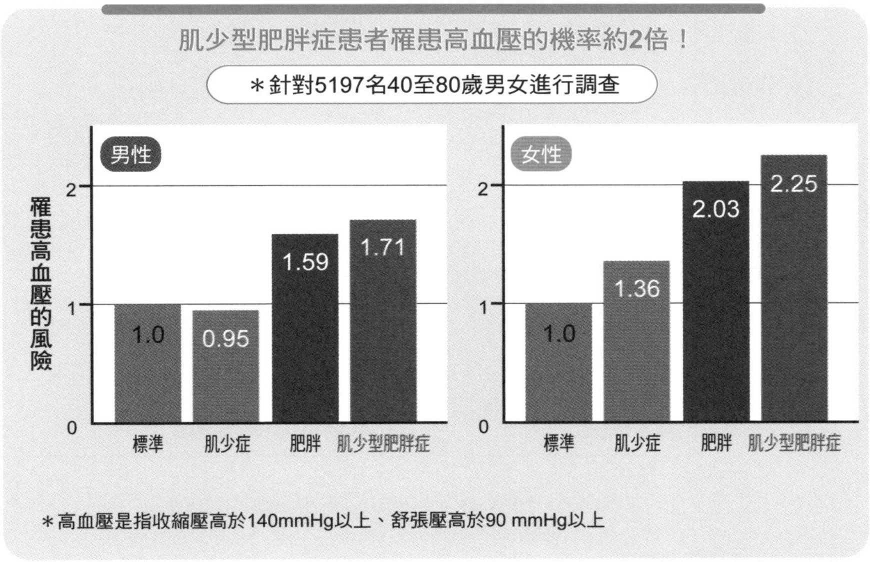

（筑波大學 久野研究室 2012）

column

身體健康就能省下醫療費

我們在某個自治團體針對高齡者舉辦健康教室時，曾讓參加者（高齡者中的45%）和非參加者（高齡者中的55%）同時做了一份問卷調查。

雖然這份問卷是關於生活習慣病的意識調查，但我們發現，參加健康教室的人幾乎都很有自覺和行動力，花在醫療上的費用也很少。另一方面，沒參加的人對於健康管理的自覺性普遍低落。事實上健康的自覺性較低的人，較容易、發生醫療費用負擔太大等各項問題（請見下方圖表）。

所以，只要去了解並實行「三原則」（請見第34頁），就能讓身體變得更健康，也能夠大幅降低醫療費用的支出。

開始運動以後 醫療支出就減少很多了！

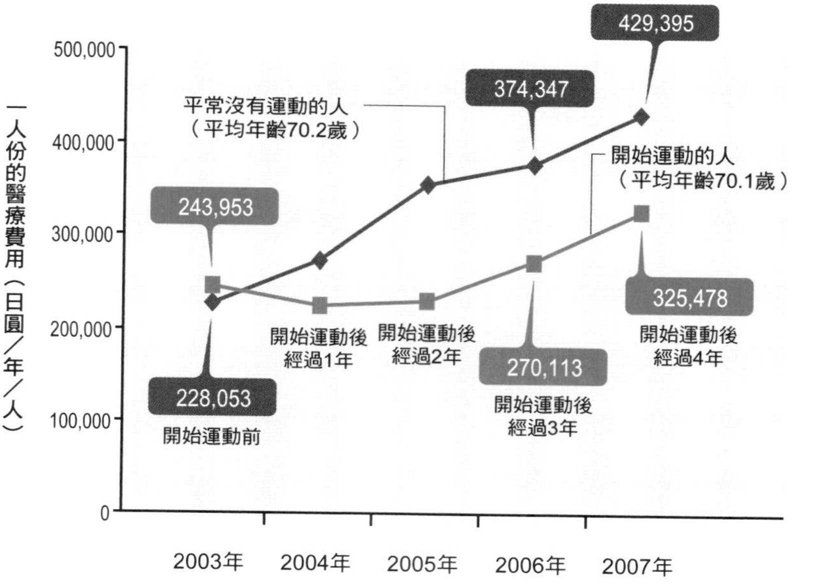

（筑波養生研究機構、見附市）

part 1

年輕的祕密在於擁有「背肌」和「腹肌」！

「背肌」和「腹肌」是我們平常容易忽略又缺乏鍛鍊的肌肉。
只要鍛鍊這兩處肌肉，
就可以預防肌少型肥胖症，練出青春永駐的體魄。
不只如此，還能夠改善姿勢和常保健康。
讓我們一起來了解其中的奧妙吧！

每增長1歲，身上的肌肉就會減少1%！

肌肉量的顛峰時期是20歲，40歲時要保持顛峰期的80%

肌肉量最大多的時期會在20歲左右達到顛峰，一旦過了30歲，肌肉量就會因老化開始減少，並且急遽下降。

如果把20歲的肌肉量當作100%，到了40歲時肌肉量便會減少20%，之後還會逐年以1%的速度減少。因此到了50歲就會減少30%，60歲左右會減少40%，70歲左右竟會減少至50%。

雖然男女在肌肉衰退的速度大同小異，但女性身體天生就沒什麼肌肉。

由此可見，女性會較早面臨因年歲漸長所導致的肌肉減少，進而發生跌倒、骨折等狀況，造成臥病不起。可想而知，當肌肉量減少到某種程度，自然會不良於行。

比起上半身的肌肉腳部肌肉更容易衰退

我們目前已得知，腳部肌肉比上半身肌肉更容易衰退（請見左頁下方圖表）。以腳部肌肉為重心鍛鍊固然不錯，但若能鍛鍊銜接上半身和下半身的腰大肌，就能同時鍛鍊腳部和上半身。如此一來，不管到80歲還是90歲，都有可能繼續增長肌肉。

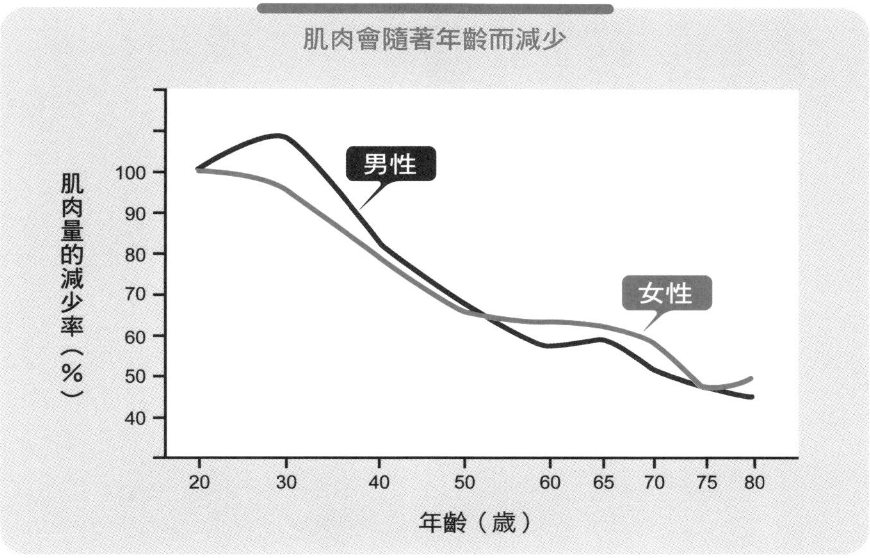

（筑波大學 久野研究室）

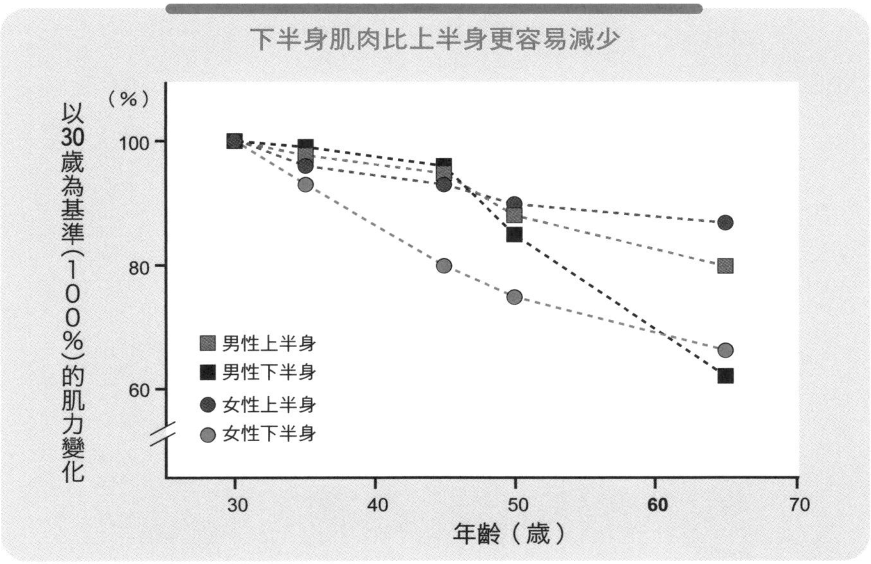

（筑波大學 久野研究室）

增加肌肉量的重點：肌肉鍛鍊+有氧運動+飲食

想鍛鍊腹肌和背肌必須了解基本三原則

目前的減肥方法幾乎都是以減少食量和減少攝取脂類為主。但事實上，這種作法不能減少體脂肪。

想減肥，除了減少體脂肪，更重要的是增加肌肉量。預防肌少型肥胖症的方法，就是遵守「肌肉鍛鍊」、「有氧運動」和「飲食」三個原則。只要了解並實踐這些三原則，就能減少內臟脂肪，增加背肌、腹肌和腰大肌，消除肥胖才能重拾健康。

相信某些人曾有減肥失敗的經驗吧？那是因為在三原則中，只做到其中一、兩項，也就是「只挑喜歡的做」。

三原則缺一不可，要全部做到才能保持健康。因此，只挑容易的做，或只做其中一項的話，當然無法得到滿意的結果。肌肉鍛鍊雖然可以增加肌肉，卻無法燃燒脂肪。想燃燒脂肪的話，必須做有氧運動才行。也就是說，三種原則組合起來，才會產生確實的成果。不然，即使執行其中一項之後得到不錯的成效，等過一段時間又會再度復胖。

光靠節食減肥的話，3個月後會減少5年份的肌肉量！

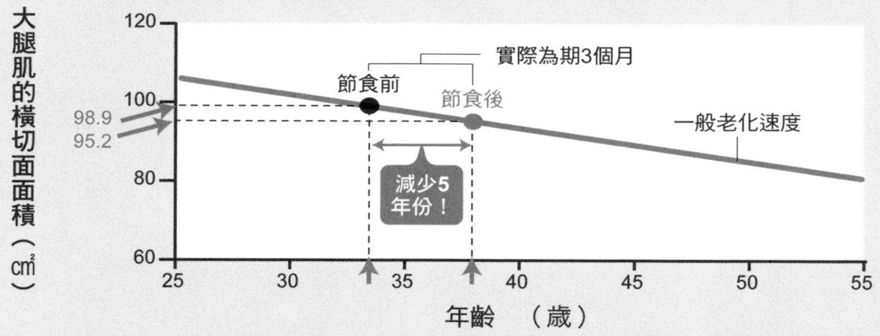

光是改善飲食，或是改善飲食搭配走路運動者，在持續3個月之後，大腿的肌肉量會比先前減少3.7%，等同沒有做任何運動的人5年後所減少的肌肉量。另一方面也可以了解到，持續執行肌肉鍛鍊、有氧運動和改善飲食的人，肌肉量將會有所增加。

只有改善飲食，或是改善飲食＋走路運動的人，會因為消耗卡路里太低，反而會加速身體老化！

（筑波大學 久野研究室）

肌肉鍛鍊有預防跌倒的效果
對女性尤其重要

根據2010年厚生勞動省「國民生活基礎調查」的資料顯示，65歲以上需要看護照顧的原因之一就是骨折、跌倒。這類需要看護的人數占了全體約1成左右。將這部分的男女人數相比，可以發現男性人數占了全體的6.1％，女性人數則占了15.3％。女性比男性多了2.5倍。這代表女性因跌倒而骨折的機率比較高，容易演變成不良於行或臥病不起的情況。

為什麼女性病例會較多呢？一般認為是停經後骨質密度變低所引起。但原因當然不只如此。

開始鍛鍊肌肉之後，肌肉量就會增加。雖然仍無法回到20歲的肌肉量，但是和什麼都不做，每年減少1％肌肉量的狀況相較之下，肌肉量降低的速度會和緩許多。

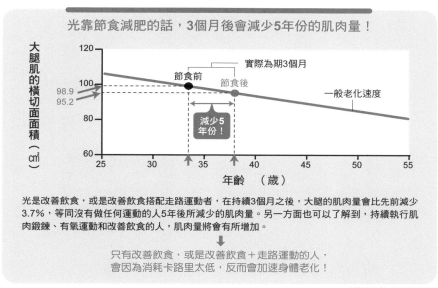

雖然構成肌肉的蛋白質會重複分解和再生，但邁向高齡之後，再生的速度就會變慢。細胞進行新陳代謝會加速破壞蛋白質，使得再生速度跟不上破壞速度，導致肌肉萎縮。然而，只要經過肌肉鍛鍊，可以減緩破壞的速度。

想燃燒脂肪就實行有氧運動

想要燃燒體內的脂肪，執行有氧運動是最好的方法。像是走路、慢跑或游泳都是很適合的運動。由於走路的運動強度不高，所以走路消耗的能量會燃燒到脂肪。因此燃脂效率優於肌肉鍛鍊。然而實際觀察後不難發現，其實走路是種會磨損膝關節軟骨的運動。

若要考量對膝蓋健康的風險性，也許走路不算是種好運動。當走路感到疼痛時就不要勉強自己，選擇緩衝性較高的運動鞋來進行肌肉鍛鍊或伸展運動，也有不錯的加成效果。推薦大家來做有氧運動吧！

均衡飲食也很重要

本書提倡的減肥法，不同於你以往所執行過的，當中的差異之處在於，沒必要進行勉強自己的食物療法。減肥時盡量不要吃點心，記得攝取蛋白質和維他命C，謹記均衡飲食（請見第108至111頁）。

鍛鍊出不老體魄的「三原則」

1 鍛鍊肌肉力量

鍛鍊出肌肉量大、不易
累積脂肪的身體。

2 有氧運動

有燃燒脂肪，
軟化血管的效
果。

3 飲食

盡量避免吃點心，
維持飲食均衡。

為了增加肌肉量，必須鍛鍊「背肌&腹肌」

伸展運動＋肌肉鍛鍊可強健腹肌和腰大肌

請不要認為年紀大就無法增加肌肉，而放棄鍛鍊。前述內容一再說明，鍛鍊肌肉不分年齡。只要鍛鍊肌肉，令肌肉變強壯，即使80歲或90歲都能繼續增長肌肉。這理論已得到科學證實。

至於該如何確實鍛鍊腹肌、背肌和腰大肌？只要隨著本書循序漸進地實行，自然會明白。只需要確實實行伸展運動和肌肉鍛鍊的步驟，就可以防止肌少症或肌少型肥胖症的發生。

想生龍活虎請鍛鍊背肌和腹肌

左頁下方分別是有運動習慣的女性，和沒有運動習慣的女性的腹部MRI（核磁共振攝影）照片。從照片中可看出50多歲時，腰大肌已經出現了明顯的差異。等到七十多歲時，差異就會更加顯著。看完照片後，相信會有很多人決定要開始進行鍛鍊了吧？

如同左頁上方圖表所示，肌肉的成分中有80％是由蛋白質組成。這個原理不管到幾歲都不會改變，所以我們必須增加肌肉量。想要延年益壽，鍛鍊肌肉是非常重要的。

肌肉是這樣組成的

進行肌肉鍛鍊之後會破壞肌肉

↓

肌肉開始修復

↓

（在用餐時攝取）攝取可以做為肌肉來源的蛋白質

↓

可以產生新的肌肉細胞

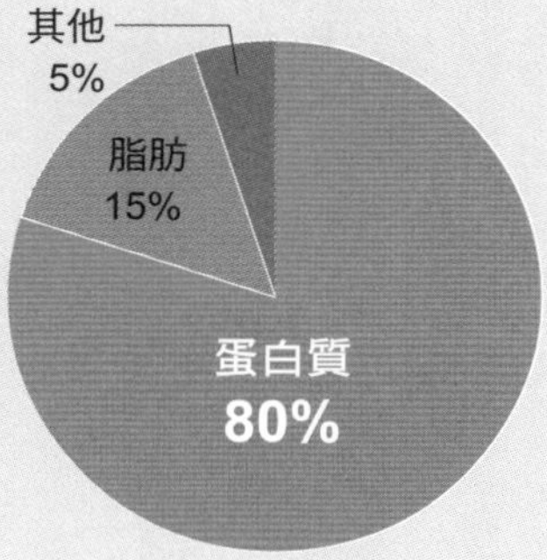

肌肉的成分

運動之後可以增加肌肉

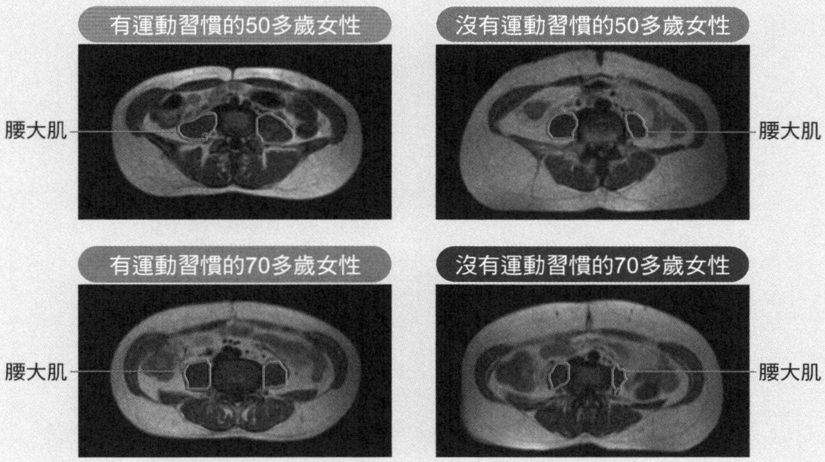

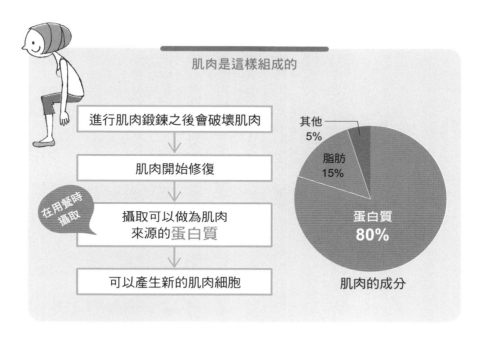

必須重視腹肌、背肌、腰大肌的理由

腹肌、背肌和腰大肌對身體有這樣的作用

你曾有意識到自己的腹肌、背肌或腰大肌的經驗嗎？即使某些動作會讓人感覺到「現在我正在使用腹肌」，不過能夠意識到背肌或腰大肌的人仍然占少數。

腹肌是肚子周圍的肌肉總稱，包含了腹直肌等各種肌肉。腹直肌是一種縱長型的平坦肌肉，連接胸廓和骨盤。像是把身體往前或往側邊彎曲、咳嗽等腹部用力的時候，都會使用到腹直肌。

背肌是位於背部的肌肉總稱。主要包含豎脊肌、背闊肌等肌肉。豎脊肌是垂直分布於背部中心的肌肉。當我們站著、坐著或走路的時候，都要靠豎脊肌都維持姿勢。

腰大肌位於腰的內部，是連接上半身和下半身唯一的肌肉。縱然腰大肌纖細，但作用卻很大。不管是站著或走路都會用到它（請見左頁圖）。

腹肌、背肌和腰大肌都是支撐身體的重要肌肉

腹肌、背肌和腰大肌，每一種都是位於身體部位的肌肉。

如果把肌肉當成支撐身體的束腹型馬甲，那麼，腹肌會從前面支撐身體，背肌則是從後面支撐身體。至於位於背骨兩邊的腰大肌，則是從體內支撐身體。

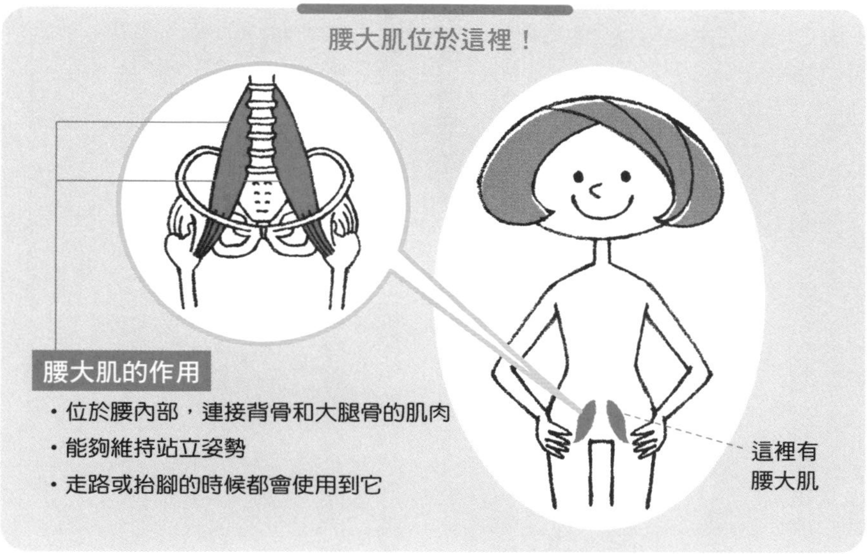
腰大肌位於這裡！
腰大肌的作用
・位於腰內部，連接背骨和大腿骨的肌肉
・能夠維持站立姿勢
・走路或抬腳的時候都會使用到它
這裡有
腰大肌

這三種肌肉一旦萎縮，姿勢就會向前傾。雖然有人是因為老化而駝背，但造成駝背的原因不只是年齡，而是年歲漸長肌肉衰弱，無法支撐上半身的重量，才會彎腰駝背。所以我們必須鍛鍊可以支撐身體的肌肉。

雖然腰大肌容易被人忽略，不過一旦鍛鍊，可連帶強化腹肌和下半身的肌肉。這兩處是屬於身體較大塊的肌肉，所以能提高代謝，消除肥胖。

只要鍛鍊腰大肌，就能順便鍛鍊腹肌和下半身，改善姿勢不良，提高基礎代謝。如此一來，不僅可以製造肌肉，還能減肥，更附帶消除代謝症候群、高血壓等生活習慣病的功效。

了解鍛鍊的位置和功效

只要了解對什麼部位有效就能持續保持下去

在實際開始運動前，希望各位能先了解這項鍛鍊對身體有益的原因，對哪些部位有效，還有其他相關事項。

例如：為什麼走路對身體有益？原因就在於走路能夠促進血液流動的速度。在寒冷的冬天裡走很多路，身體會變得暖和。這種情形就是「血液循環變好」。只要血液流動情況良好，變硬的動脈就會開始軟化，讓血壓下降。如此一來，就可以預防動脈硬化。

所以像走路這類的活動，也就是有氧運動，與預防生活習慣病是息息相關的。

只要瞭解原因之後，不但實行起來比較容易，實行的心情也會更堅定。這樣不僅可以長久持續下去，就算因為某些理由偷懶一下，也能很快就重新開始。

血管變得柔軟就能預防肌少型肥胖症

實行有氧運動，讓變硬的血管軟化後，就能預防高血壓或糖尿病等生活習慣病的發生。

遵行三原則（請見第34頁）來執行肌肉鍛鍊，還可以避免罹患肌少型肥胖症。

走路＝讓血管變柔軟的方法

走路

↓

血液流動變好

↓

變硬的血管開始軟化

↓

血壓下降，可預防動脈硬化，預防罹患生活習慣病

進行肌肉鍛鍊＝防止臥病不起 預防罹患肌少型肥胖症

進行肌肉鍛鍊

↓ ↓

肌肉增加	成長激素增加
↓	↓
不易跌倒	基礎代謝提高
↓	↓
預防臥病不起	變成不易發胖的體質
	↓
	預防罹患肌少型肥胖症

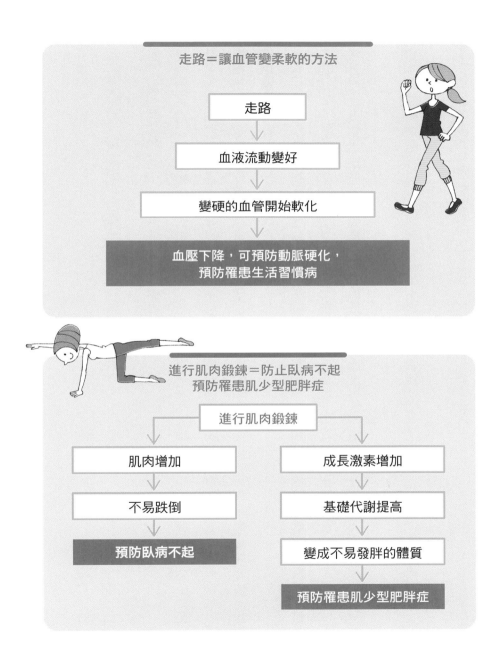

減肥對健康的重要性

若BMI在25以上或許就已罹患了肌少型肥胖症

肌少型肥胖症的其中一個條件就是「肥胖」。

以一個容易累積內臟脂肪的男性來說，光是堆積在腹部周圍的脂肪可能就有3公斤左右。對於肥胖者，亦即腰圍超過85公分以上的人來說，腹部周圍的脂肪甚至會重達4公斤左右！人身上一旦堆積這麼多脂肪，就算想站直，也會因為肚子突出造成腰椎前凸。這不僅會造成腰、腿的負擔，幾年過後還會對全身造成傷害。

BMI（Body Mass Index）是世界共通的肥胖測量指標。可用自己的身高體重來計算數值。

請利用左頁的公式來計算自己的BMI數值吧！就能知道自己現在算不算肥胖。計算出的數值如大於25，就屬於肥胖。如果繼續放任自己肥胖，不做任何補救，就可能成為肌少型肥胖症患者。

日本人的標準數值是22。以統計結果來說，可說是最不容易生病，最為長壽的數值。

只要增加肌肉就可消除肥胖，也可預防肌少型肥胖症

你是否曾經感覺到，跟二十幾歲時相比，現在走路時腳步似乎越來越不穩？我也是這樣。走

來計算自己的BMI吧！

體重 ______ kg ÷ 身高 ______ m ÷ 身高 ______ m

BMI = ______

未滿18.5	18.5至25以下	25至30以下	30至35以下	35至40以下	40以上
瘦	普通	肥胖（1度）	肥胖（2度）	肥胖（3度）	肥胖（4度）

（例）身高155cm，體重65kg的人

65÷1.55÷1.55=27.05 ← 數值顯示為肥胖

若BMI在25以上，罹患肌少型肥胖症的可能性大增！

在大學的走廊上，不管路上有沒有障礙物，腳步越來越容易踉蹌。這就是在不知不覺中，肌肉逐漸衰退的證據。不管對自己的精神和體力多有自信，老化還是會降臨到所有人身上。

如果想減肥，該注重的不是節食，而是增加肌肉。肌肉如果不鍛鍊，每年會以1%的比例持續衰退。若能持續鍛鍊肌肉，不只能減緩肌肉衰退的速度，還有機會消除肥胖。肌肉增加不但有助健康，更能預防肌少型肥胖症的產生。

我想應該有人常感到膝蓋、腰部或股關節等地方疼痛吧？利用鍛鍊讓身體增加肌肉，不僅能夠減肥，對於舒緩膝蓋、腰部、股關節的疼痛也非常有效。只要增加肌肉，就能夠告別疼痛。

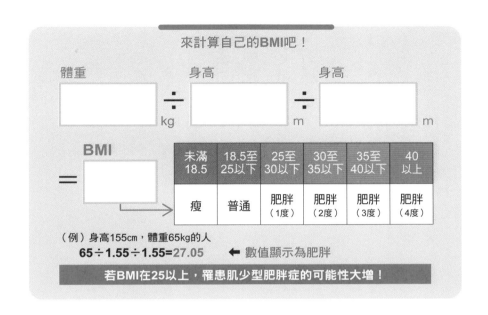

避免罹患肌少症及肌少型肥胖症的方法

想避免罹患肌少型肥胖症就必須鍛鍊肌肉

想避免罹患肌少症或肌少型肥胖症，到底該怎麼做才好呢？

只要鍛鍊「肌肉」就可以了。此外，對於肥胖的人來說，減肥（消除脂肪）也是很重要的。

實行肌肉鍛鍊和伸展運動，肥胖者要輔以有氧運動

肌肉鍛鍊是強化薄弱肌肉最有效的方法。從本書第64頁開始，將為各位介紹以2週為一個週期的伸展運動和肌肉鍛鍊計畫。請遵照這個計畫的步驟來進行，並儘可能長期持續下去。

另外，如果能在鍛鍊完畢後30分鐘內攝取魚、蛋等蛋白質，將有助於肌肉增長（請見第110頁）。

肌肉增加，基礎代謝就會提升，變得更容易燃燒脂肪。燃燒脂肪最推薦的方法就是進行有氧運動。只要實行像走路這類能夠配合日常生活的運動就可以了（請見第100頁）。

實行「肌肉鍛鍊」、「有氧運動」和「改善飲食」，努力持續下去，就可以從肌少症或肌少型肥胖症中康復，更能防止這兩種病症的發生。

利用肌肉鍛鍊來改善肌少型肥胖症！

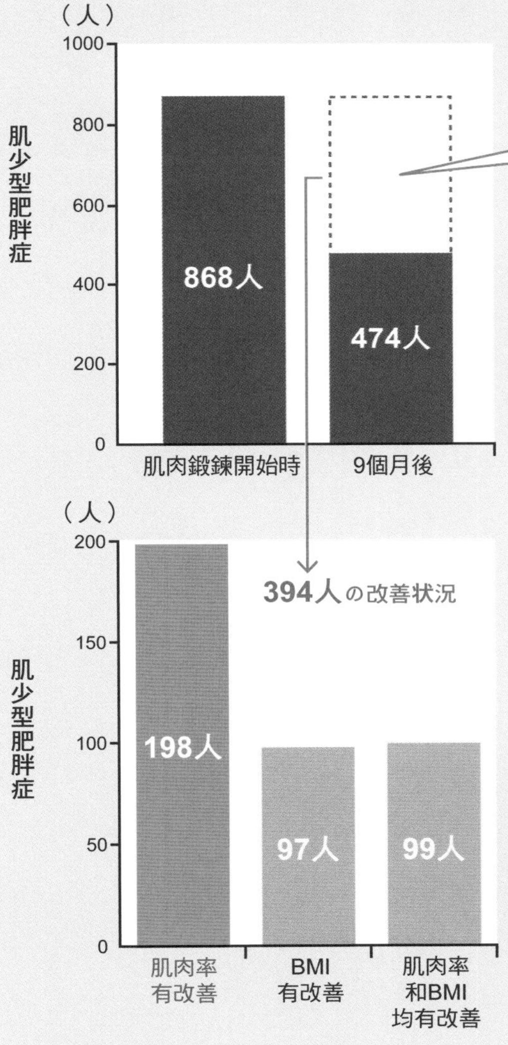

剛開始進行肌肉鍛鍊時，有868位肌少型肥胖症患者。執行9個月的肌肉鍛鍊、伸展運動和有氧運動之後，約有半數的患者已經脫離肌少型肥胖症了。

（筑波大學 久野研究院 2012）

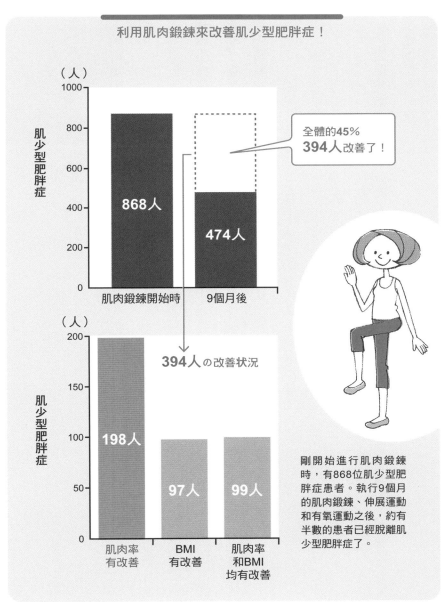

只要鍛鍊肌肉就能永保健康

注重腰大肌並鍛鍊，就能增加肌肉

只要持續鍛鍊肌肉，必能看到效果。這點在科學上已獲得證實。尤其是銜接上半身和下半身，被稱為身體棟梁的腰大肌，最好一邊感受它一邊進行鍛鍊。這種肌肉的特徵，就是比其他肌肉更容易衰弱。一旦腰大肌衰弱，就容易產生拖著腳步走路，以及因腳步不穩而跌倒的情況。

鍛鍊肌肉最大的優點，就是即使上了年紀才開始鍛鍊，肌肉量還是會增加。我們可以從左頁的圖表中了解到，即使60多歲才開始鍛鍊，經過4年後也增加了許多腰大肌，也有90多歲的人肌肉增加的資料證據。

經由這些證明，我想大家都能了解到鍛鍊的效果有多麼顯著。

只要配合生活步調，鍛鍊肌肉並非難事

一聽到肌肉鍛鍊，大部分的人都會覺得很累人或很麻煩。肌肉鍛鍊的過程，其實沒有大家所想的那麼困難。

與其猶豫拖延，倒不如直接開始！只要試著做做看，應該就可以了解到肌肉鍛鍊非難事。

經過4年的肌肉鍛鍊後，腰大肌增加了！

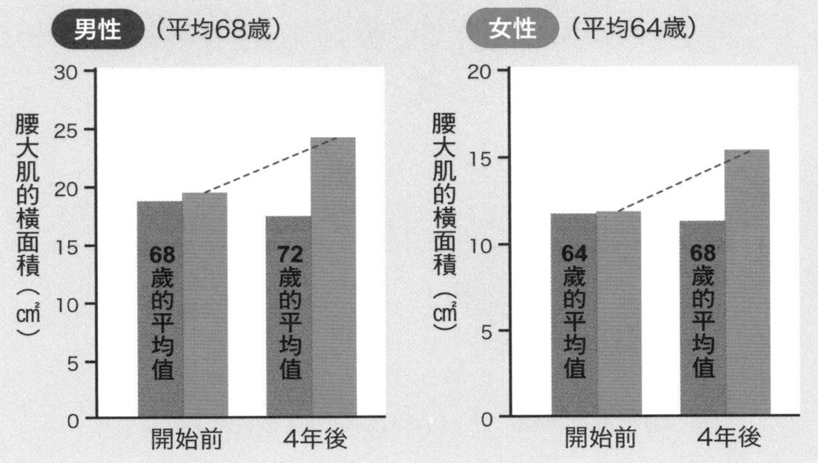

（筑波大學 久野研究所）

本書將從第64頁開始，為各位依序介紹肌肉鍛鍊的步驟。

在進行肌肉鍛鍊之前，請先做伸展運動。本書除了介紹以兩週為一週期的肌肉鍛鍊計畫，也會說明各種在進行肌肉鍛鍊之前做的伸展運動，為身體熱身預備。

為何在肌肉鍛鍊前必須先做伸展運動呢？因為一個沒有運動習慣的人，如果突然開始鍛鍊肌肉，很可能會造成身體疼痛。所以必須先調整呼吸，舒緩身體，再來進行肌肉鍛鍊。

請配合自己的生活作息來進行這個肌肉鍛鍊計畫。只要不勉強自己，就不會感到辛苦，也願意持續下去。這些鍛鍊步驟跟預防肌少型肥胖症息息相關，請務必要堅持到底。

經過2個月鍛鍊，起立坐下時不再需要用扶手的人高達 90% 以上！

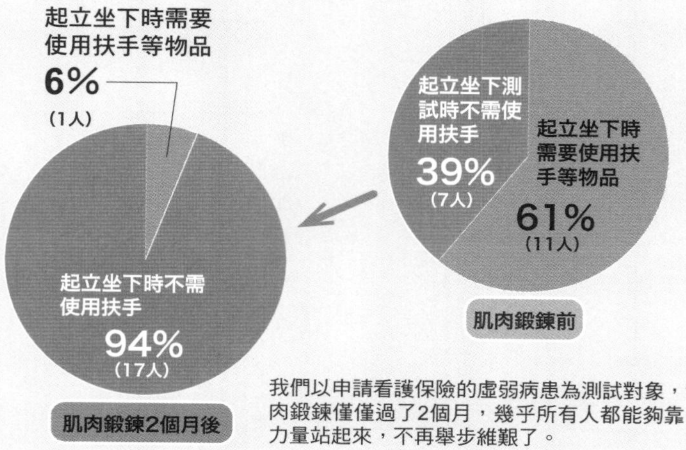

我們以申請看護保險的虛弱病患為測試對象，實行肌肉鍛鍊僅僅過了2個月，幾乎所有人都能夠靠自己的力量站起來，不再舉步維艱了。

（筑波大學 久野研究所）

想讓骨骼變強壯鍛鍊肌肉是很重要的

上了年紀之後，不只肌肉，骨質也會隨之衰退。特別是女性，因停經後導致女性賀爾蒙減少，骨骼代謝速度變慢，骨質就會變得脆弱。所以，女性因跌倒、骨折而導致臥病不起的機率也比男性更高。

運動會增加骨骼的壓力，使它變得緊密強壯。換言之，肌耐力會讓骨骼變得更強健。可是，隨著年紀變大，肌肉減少肌耐力變弱，骨骼也會跟著變脆弱。

想讓骨骼變強壯，就要鍛鍊肌肉。擁有強健的肌肉能減少跌倒的情況，就算真的跌倒，也不容易骨折，萬一骨折了，也不會就此臥病在床，所以，一起來鍛鍊肌肉吧！

part 2

伸展運動＆肌肉鍛鍊讓身體變年輕

想鍛鍊腹肌、背肌和腰大肌，
伸展運動和肌肉鍛鍊是不可欠缺的。
請先確認自己現在的身體狀態，
循序漸進實行，從現在開始好好鍛鍊身體吧！

回顧過去的生活型態

自己是過著怎樣的生活呢？做個回顧吧！

想必正在閱讀這本書的你，過去一定有嘗試過各種肌肉鍛鍊和伸展運動卻屢遭挫折，才會下定決心這次一定要好好鍛鍊腹肌、背肌和腰大肌吧！

如果想避免重蹈覆轍，在開始進行這次的肌肉鍛鍊和伸展運動之前，請先回想一下自己目前到底過著怎樣的生活。然後，請好好思考一下導致失敗的原因為何。

擬定零失敗！不勉強的運動計畫

肌肉鍛鍊過度，食物吃太少……把一大堆的計畫湊在一起執行，不但是導致失敗的主因，更讓人無法持續下去。這樣是永遠鍛鍊不了腹肌、背肌和腰大肌的。

若不想重蹈覆轍，就必須找出讓自己長期持續下去的方法。

沒必要大幅改變自己的生活作息。請在不造成日常生活負擔的前提下，把肌肉鍛鍊和伸展運動融入生活中吧！如此一來，便會自然而然產生效果，還能輕鬆地持續下去。

過去的你曾因為這樣而失敗嗎？

☐ 因為做了太多伸展運動和肌肉鍛鍊而無法持續下去

解決法
＊精選出幾種運動來實行
＊不要做太多次
＊請先選擇對身體負荷較輕的伸展運動和肌肉鍛鍊法

☐ 因為每天運動過度而無法持續下去

解決法
＊不做太困難的運動
＊只做可在日常生活中執行的運動
＊不勉強自己特地撥出時間來運動

☐ 因為食物吃得太少而無法持續下去

解決法
＊不以極端的方法改善用餐方式
＊不要突然減少食物攝取量
＊在不造成生活負擔的前提下減少食量

只要按照本書的方法實行，就不會遭遇上述的失敗！

請以「感覺有效」的成果來鼓勵自己

以平日最注意的地方進行確認

大家都說，**鍛鍊要能持續下去，訣竅就是要讓自己感受到效果**。進行伸展運動和肌肉鍛鍊，短短幾天是感受不到效果的。但是，最快在經過2週左右，就會感覺到變化了。若想察覺到變化，建議在開始鍛鍊之前、實行2週後及實行1個月後這些時段仔細觀察，並確認自己的生活發生了哪些轉變即可。

拿日常生活中最苦惱或最在意的部分來做確認，最容易感受到變化。例如，發現自己走路變慢了，或不知不覺中駝背，以及過斑馬線時，才走到一半燈號就開始閃爍等事件。

確認開始鍛鍊2週後及1個月後發生了哪些變化

雖說要觀察變化，但如果每天都在注意自己的一舉一動，是很難感覺到效果。最理想的方式是，在某個時刻點來做確認。比方說2週後或1個月後，發現自己走路速度變快，或因為背肌拉直而不再駝背，或走完斑馬線後燈號還沒有閃爍等，只要讓自己能感受到效果就好。

在進行肌肉鍛鍊數週後，再核對一次「老化徵兆」（請見第16至17頁）。屆時所顯示的效果就是證據！

進行肌肉鍛鍊數週後，再核對一次「老化徵兆」

一一核對「老化徵兆」，並且和朋友相互勉勵堅持下去

但有些人可能覺得，自己煩惱的部分毫無變化。遇到這種情形，請使用第16至17頁的「老化徵兆」列表來進行確認。開始鍛鍊之前有打勾的項目，在經過2週、1個月之後消失的話，就代表效果出現了。鍛鍊者也會發現，不只原本打勾的徵兆消失，身體也產生變化。

另外，和朋友或家人一起鍛鍊也是好方法。這樣能夠激發彼此的「幹勁」，比較不容易產生「今天覺得好麻煩所以不想做了」的怠惰感。即使遇到挫折也能夠相互勉勵。

就算是各自鍛鍊，也可以用電子郵件等告知彼此的狀況，讓心情保持振奮有幹勁。

測量自己的肌肉和體脂肪並「視覺化」

將自己的身體數值化藉以提高意識

我們無法直接看到自己身體內部，因此，若想知道自己體內的狀況，就必須使用體重體脂計來測量體重、體脂肪、肌肉率，讓這些狀況數值化。在開始實施本鍛鍊計畫前，請先進行測量。建議最好一週內每天同一時間進行測量。

將自己身體數值化之後，請盡量把這些數值寫在顯眼處，也就是「視覺化」。這樣就能夠提升自己的鍛鍊意識，湧現努力的鬥志。

透過「視覺化」配合本鍛鍊計畫，兩者雙管齊下。如果每天在同樣條件下做測量，就能夠看到像是今天體重減輕1公斤、肌肉率增加1％，或體脂肪減輕等各種變化。當看到成果後，頓時充滿幹勁，想要持續進行鍛鍊計畫。

使用體重體脂計來測量體脂肪和肌肉

就算遵守基本三原則（請見第34頁），光測量體重，也無法知道肌肉和脂肪增減的變化。有人可能會在體重增加後覺得「失敗了，這個鍛鍊計畫根本沒用！」而放棄鍛鍊。

正因為如此，原本使用一般體重計測量體重的人，也可藉此機會買一台體重體脂計，讓自己的身體狀況能夠「視覺化」。還有某些買了體重體脂計卻棄之不用的人，可藉機將自己的身高等資料確實輸入機器內，每天都去使用它。

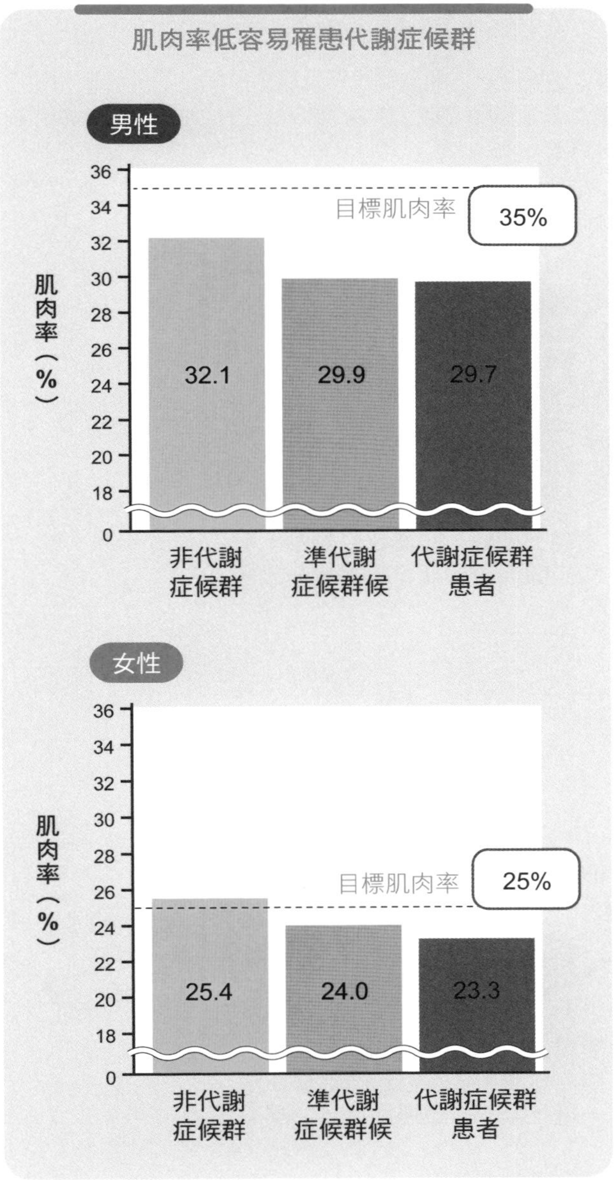

（筑波大學 久野研究院）

Check! 你可以在30秒內做幾次仰臥起坐呢？

最近曾經做過仰臥起坐嗎？請按照下述要點進行仰臥起坐，算一下自己在30秒內能夠做幾下，這樣就能簡單測量體能等級了。以「1→2→1」的順序完成動作後就算做完一次。來，開始吧！

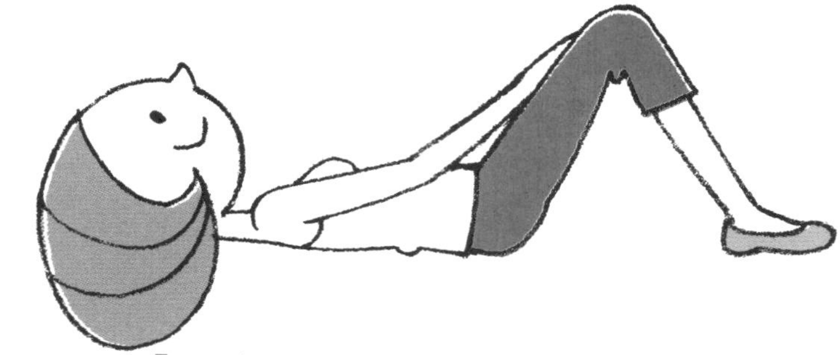

1 面朝上仰躺，膝蓋自然彎曲。雙腳張開與肩同寬，把手放在大腿上。

2 雙臂向前伸直，指尖保持接觸大腿，就像像要靠近肚臍觀看一般，一邊吐氣一邊緩慢地抬起上身。

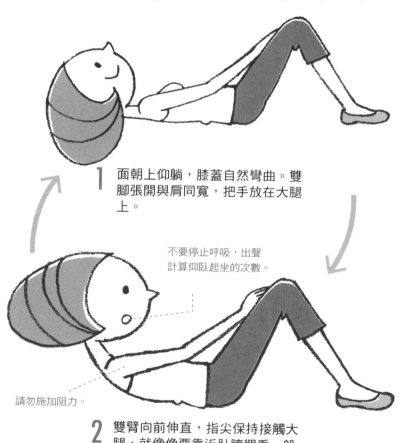

可做到的次數為 ______ 次

以自己可以做到的次數來核對下方列表。

	男性			女性		
年齡／等級	未滿65歲	65至74歲	75歲以上	未滿65歲	65至74歲	75歲以上
高	20次以上	16次以上	15次以上	15次以上	11次以上	10次以上
略高	17次以上	12次以上	11次以上	12次以上	9次以上	8次以上
標準	14次以上	9次以上	6次以上	9次以上	7次以上	6次以上
略低	10次以上	6次以上	3次以上	6次以上	4次以上	3次以上
低	9次以下	5次以下	2次以下	5次以下	3次以下	2次以下

你可以做幾次仰臥起坐呢？應該有很多人正在懊惱，自己能做到的次數竟然比想像中少吧？請努力掌握本書的內容，持續進行從第64頁開始介紹的伸展運動和肌肉鍛鍊，好好鍛鍊腹肌和背肌吧！

每週進行3至5次肌肉鍛鍊最有成效

伸展運動和肌肉鍛鍊可從每週3次開始，再增加至每週5次

每天都做伸展運動和肌肉鍛鍊是沒有必要的，可從每週實行三天開始。但並不是像週一、週二、週三這樣連續執行三天，而是像週一、週三、週五這樣，以間隔一天的方式來進行。

實行肌肉鍛鍊會破壞細胞組織。由於細胞組織需要時間來復原，因此沒有必要每天進行鍛鍊。另外，科學研究也證實了，每週鍛鍊3至5次有助於增加肌肉。

關於肌肉鍛鍊，請各位物必要瞭解，強度高的動作次數做少一點，強度低的動作次數做多一點，這樣才有效果。本次的肌肉鍛鍊，幾乎都是強度低的動作。我們會以階段性的方式變換肌肉鍛鍊選項，最後讓鍛鍊次數增加到每週5次。

請以書本或鏡子來確認動作

進行肌肉鍛鍊時，必須先搞清楚自己正在運用哪些肌肉。

唯有正確的動作才會有效。本書所介紹的肌肉鍛鍊程序中，均有用圖示標明「需要感受的部位」。請在進行鍛鍊時特別感受這些部位的肌肉。

如果你是自己一個人在家做肌肉鍛鍊或伸展運動時，根本無從得知動作是否正確。所以，在

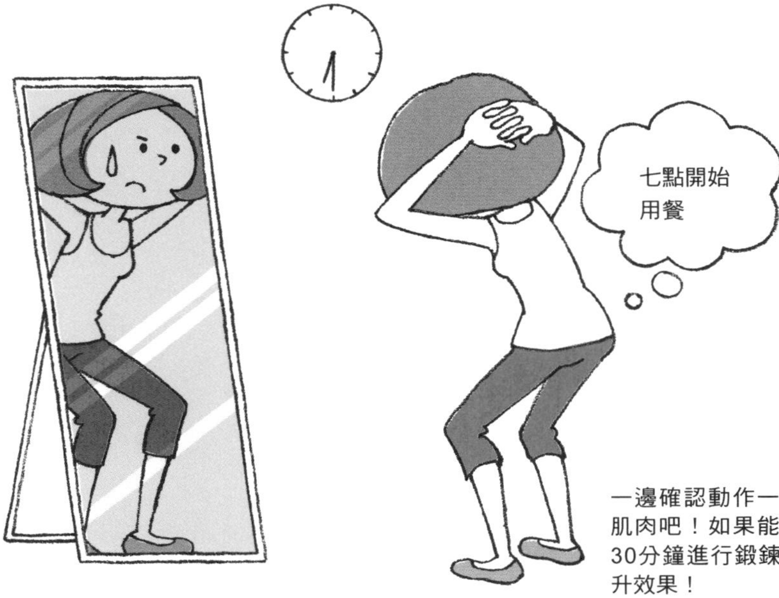

一邊確認動作一邊鍛鍊肌肉吧！如果能在餐前30分鐘進行鍛鍊，可提升效果！

動作還沒做習慣之前，就一邊看鏡子一邊確認自己的動作吧！等習慣之後，就不需使用鏡子也能做出正確的動作。

在餐前30分鐘進行肌肉鍛鍊效果很快就出現！

請在用餐前30分鐘進行鍛鍊，並在用餐時，食用含大量蛋白質的食物。這樣在用餐時所攝取的蛋白質，就會很容易轉換成肌肉。

運動選手們常在肌肉鍛鍊後，飲用蛋白質飲料，或是吃下含有大量蛋白質的食物，目的就是為了讓自己更容易增加肌肉。

我們雖然不需要做到那種地步，但若想有效率地增加肌肉，倒是很推薦採用這種做法。

逐漸增加肌耐力是鍛鍊肌肉最好的方法

慢慢增加肌耐力，便能實際感受到效果

如果在一開始就實行高負荷量的肌肉鍛鍊，不僅會造成身體負擔，還會讓鍛鍊變成一件苦差事，因而無法長期持續下去。

這次的鍛鍊計畫會以2週為週期，並且每2週就會換個方式，來慢慢提高肌耐力。只要持續進行同樣的鍛鍊，以前做不到的事情也會辦得到。例如：在進行這個鍛鍊計畫之前，就連爬上車站的樓梯都會氣喘如牛，只要連續鍛鍊2週後，爬樓梯應該就不會再上氣不接下氣了。

這種情形意味著身體已長出肌肉，顯現的效果就是證據。這時鍛鍊方式就必須改變，換成比目前負荷量稍大的肌肉鍛鍊或伸展運動。如此一來，再過2週又能感受到效果了。

為了能夠持續必須看到努力的成果

鍛鍊後最快過2週就能感受到效果，在那之前，必須把自己的努力「視覺化」，也就是將自己的身體數值化。如果把自己每天走了多少步，肌肉鍛鍊或伸展運動做了多少組，自己的體重、體脂肪率及肌肉量是多少，把數字全部紀錄下來，就能感受到自己的努力。我曾將這些數值寫在

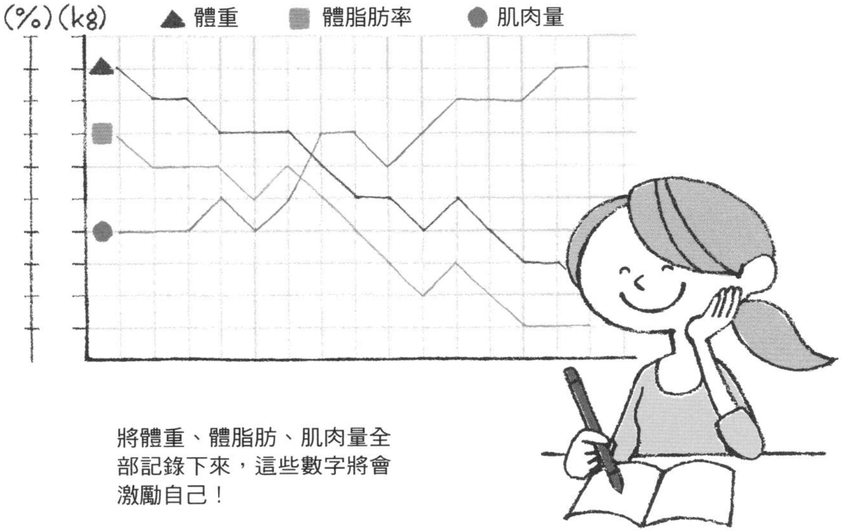

將體重、體脂肪、肌肉量全部記錄下來，這些數字將會激勵自己！

全家都可以看到的月曆上，只要一偷懶，孩子們都會嚴格地監督我（笑）。

在社群平台上發文，藉此提升動力也很重要

持續進行這個鍛鍊計畫，開始產生效果之後，在Twitter、Facebook、LINE等社群平台發文也是不錯的方式。不必對普羅大眾公開發文，只要向朋友等親近的人發文即可。

發文後應該會得到「加油喔！」、「太好了！」這樣的回應吧！人被稱讚之後就會覺得高興，如此一來就會產生想做下去，絕不可以偷懶，一定要努力的動力。這些將會成為持續下去的最佳原動力。

從今天開始進行2週的
伸展運動＆肌肉鍛鍊

可預防肌少型肥胖症發生的伸展運動及肌肉鍛鍊

伸展運動
伸展全身

1 坐在椅子上。

2 兩手上舉至頭上，十指交叉，在感受到身體確實伸展的狀態下，將手往上伸直。

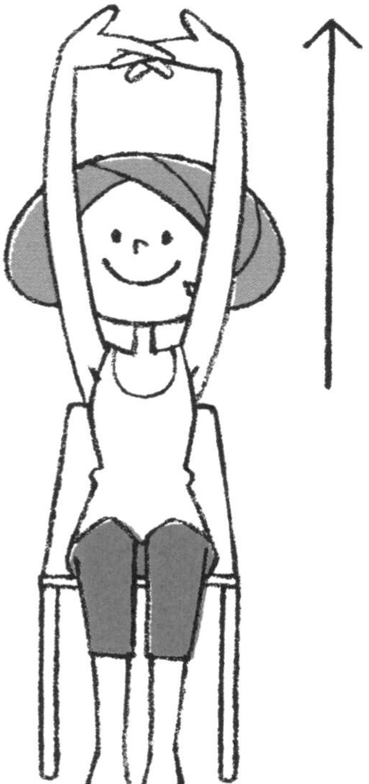

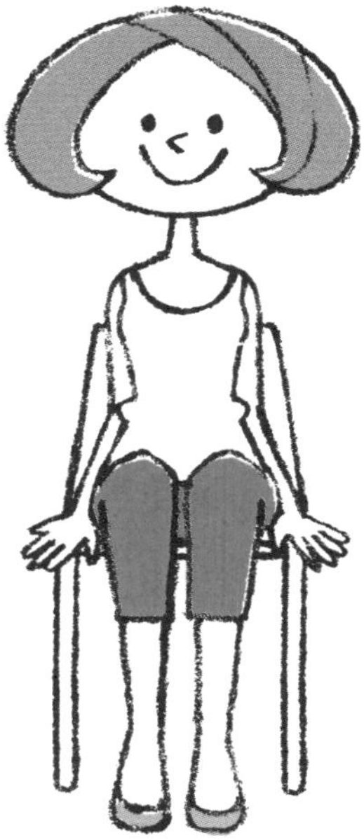

●需要感受的部位●

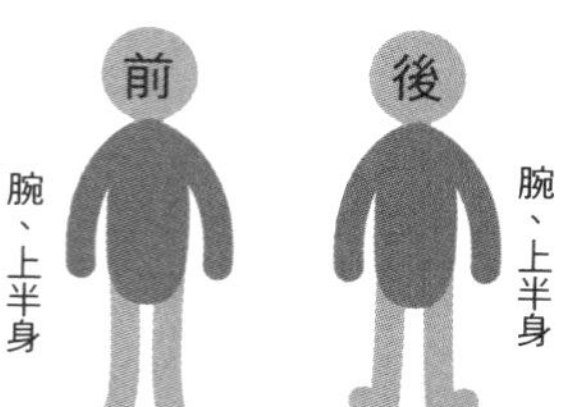

伸展運動的重點是這個！

＊每個姿勢要停留10至20秒，並重複1至2次。
＊只要是以單手或單腳來進行的動作，左右手腳都必須做到。

需要感受的部位

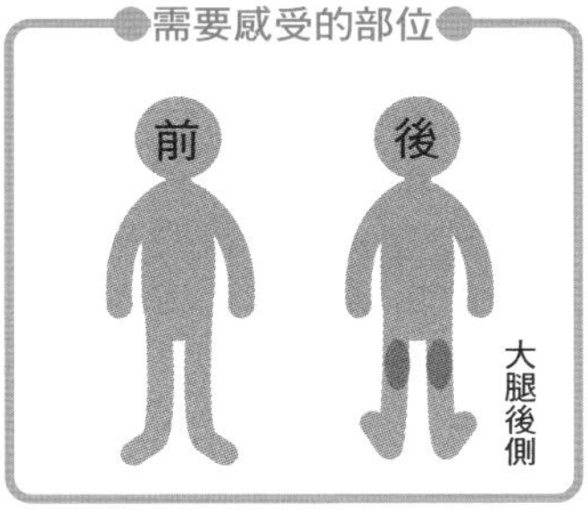

伸展運動

坐著伸展大腿後側

1 坐在椅子上，把右腳伸直。以手輕輕抓住椅子側邊，將右腳尖往上翹。

2 身體往前傾。

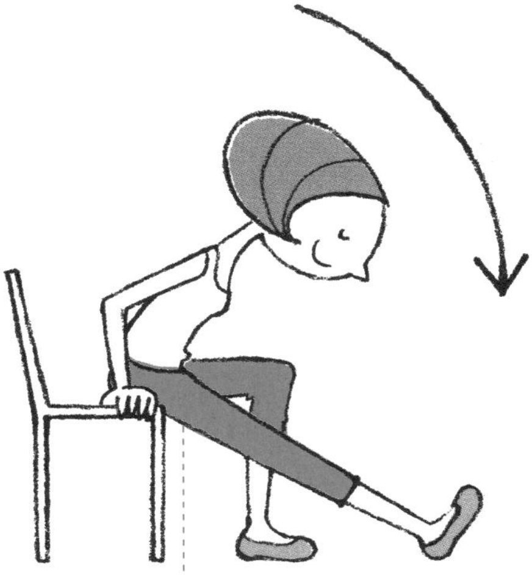

身體前傾至感受到大腿後側拉直緊繃為止。

3 慢慢回復到1的姿勢。
左腳也進行同樣的動作。

伸展運動

坐著伸展大腿前側

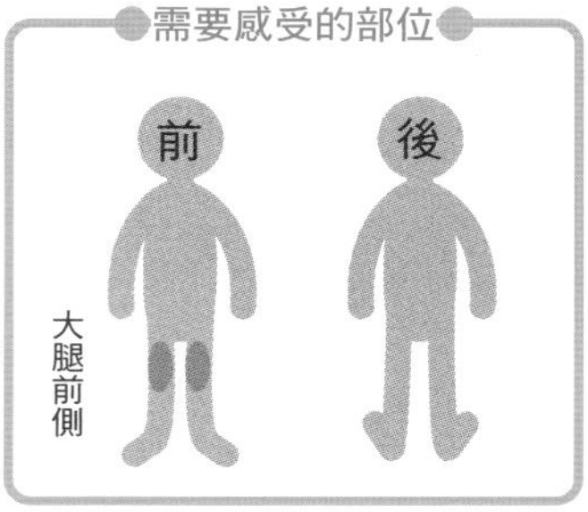
需要感受的部位
前
後
大腿前側

1 坐在椅子上。身體向椅子右邊挪動，直到右半邊的臀部離開座椅並懸空。

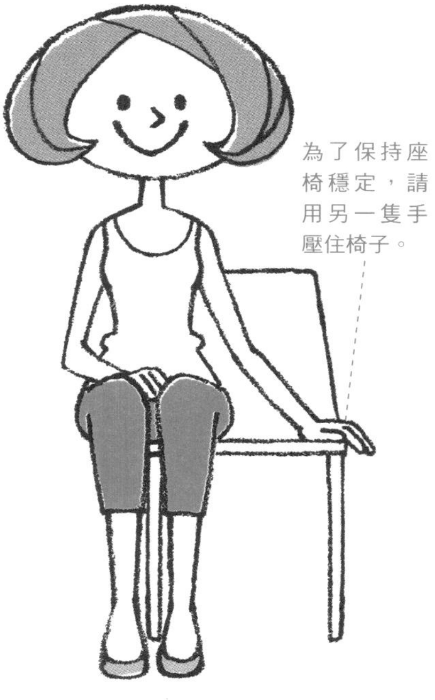
為了保持座椅穩定，請用另一隻手壓住椅子。

2 右手抓住右腳的腳背，膝蓋向後彎，盡量讓腳跟碰到臀部。大腿則保持垂直朝下。

伸展背肌，讓身體不會搖晃。

3 慢慢回復到1的姿勢。

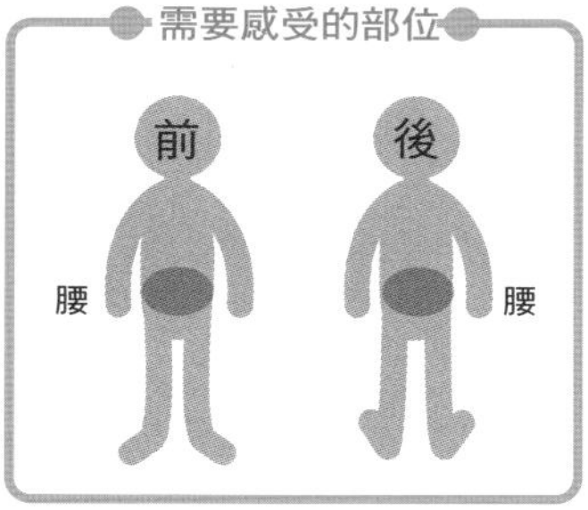

伸展運動

扭轉腰部

1 坐在椅子上，左手放在右膝的外側，右手靠在椅背上緣，身體上半身往右後方旋轉。

2 右手放在左膝的外側，左手靠在椅背上緣，身體上半身往左後方旋轉。

肌肉鍛鍊

坐著把腿抬起來

需要感受的部位

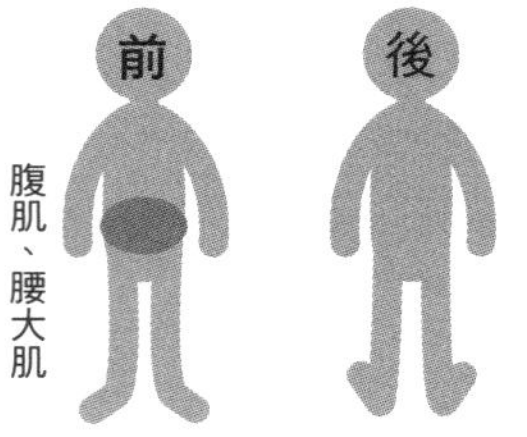

1 坐在椅子前端，伸展背肌，雙手抓住椅面側緣。

2 抬起左膝，慢慢地靠近胸口。

3 慢慢回復到1的姿勢，這組動作重複做10次。右腳也進行同樣的動作。

POINT!

抬起膝蓋，以直線方向拉近胸口吧！

覺得累的時候

可以左右交換著做。

習慣之後

在膝蓋靠近的時候將背往前彎，可以讓膝蓋更接近胸口。

肌肉鍛鍊的重點是這個！

＊不要停止呼吸，自然的將「1、2、3」數出聲，一邊鍛鍊一邊計算次數。
＊請在不會感到疼痛或任何不適的情形下進行鍛鍊。
＊每一個動作請慢慢地維持7秒左右。
＊認真感受強化中的肌肉。
＊肌肉鍛鍊的動作，每組要做10次。如果左右都要做，左右要各做10次。

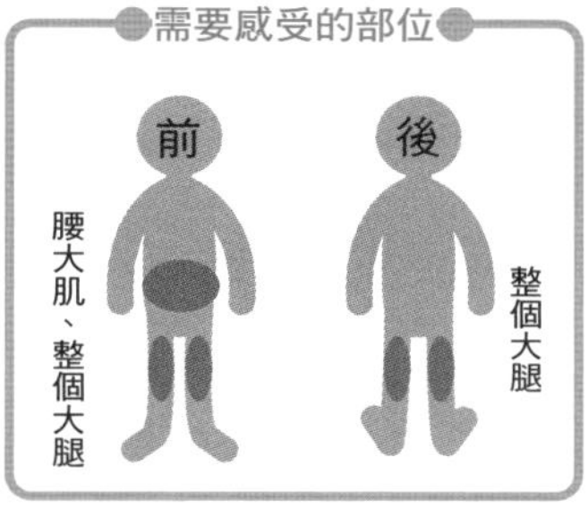

肌肉鍛鍊 起立坐下

1 雙腳張開與肩同寬，以背部伸直的狀態坐在椅子上。

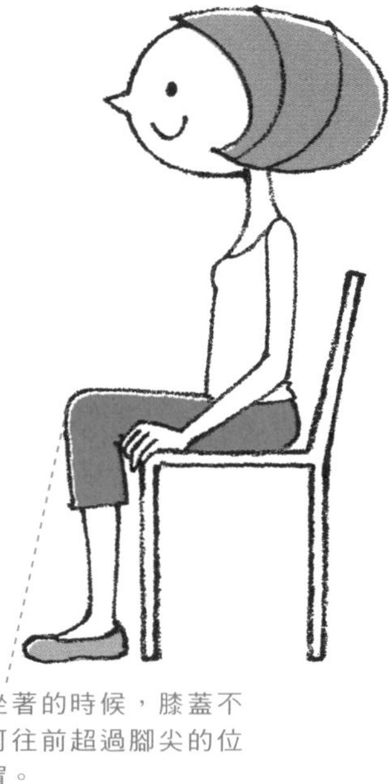

坐著的時候，膝蓋不可往前超過腳尖的位置。

2 保持這樣的姿態慢慢站起來，然後再慢慢坐下來。就這樣重複10次。

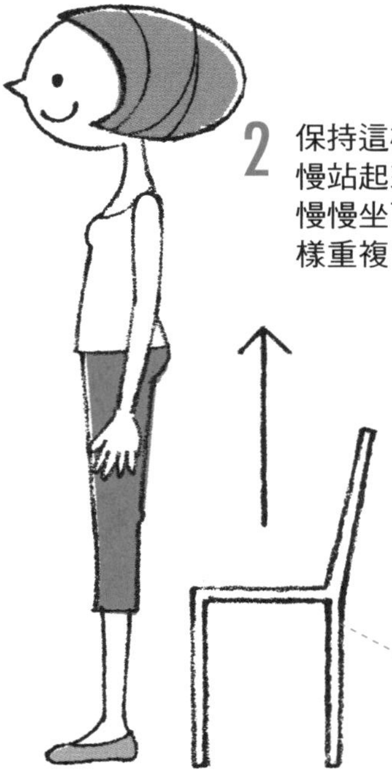

請使用比較穩固的椅子。也可以將椅背靠在牆壁上，讓椅子穩固。

從2週後開始再進行2週

伸展運動＆肌肉鍛鍊

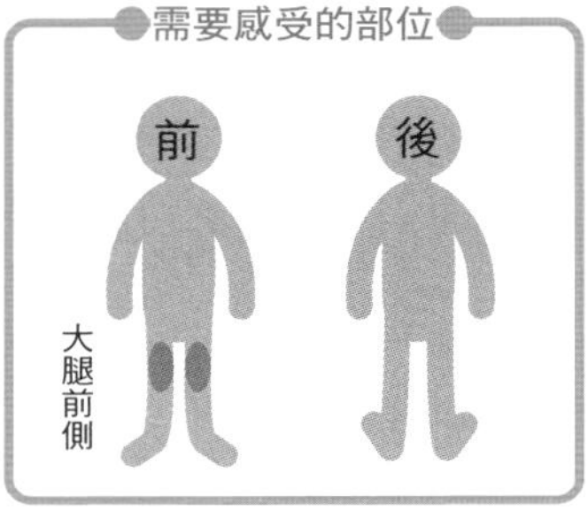

伸展運動

站著伸展大腿前側

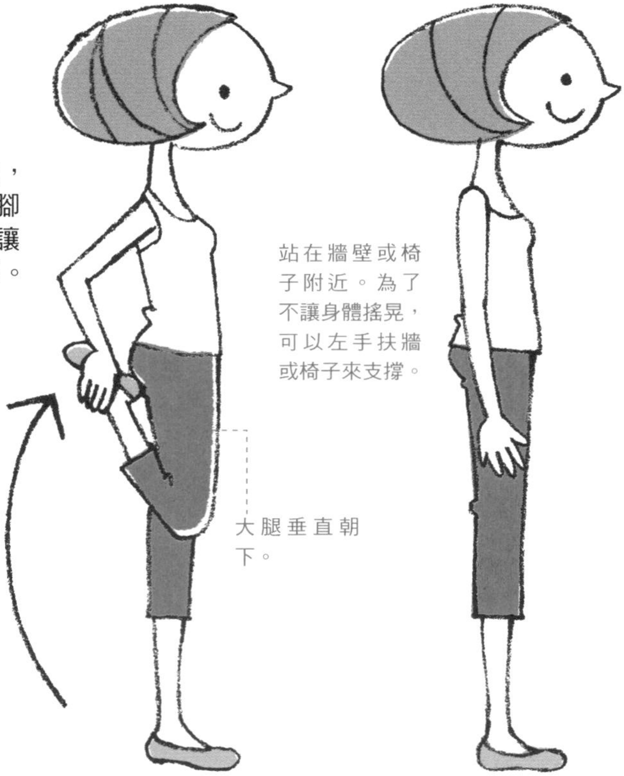

1 身體站直。

2 小腿向後彎曲，右手抓住手腳背，儘可能讓腳跟碰到臀部。

站在牆壁或椅子附近。為了不讓身體搖晃，可以左手扶牆或椅子來支撐。

大腿垂直朝下。

3 停留10至20秒之後，慢慢回復到1的姿勢。右腳做1至2次之後，左腳也要進行同樣的動作。

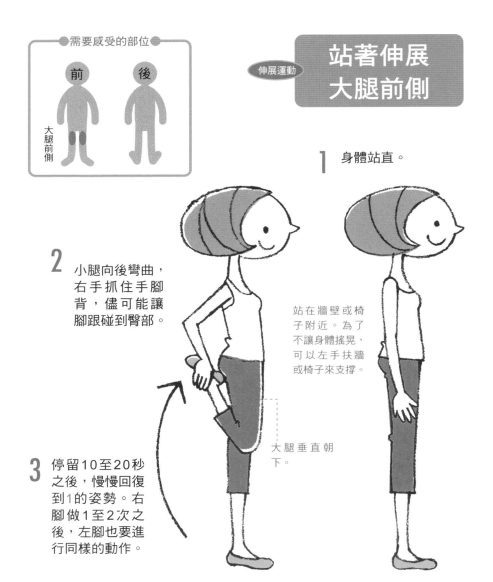

伸展運動的重點是這個！

＊每個姿勢要停留10至20秒，並重複1至2次。
＊只要是以單手或單腳來進行的動作，左右手腳都必須做到。

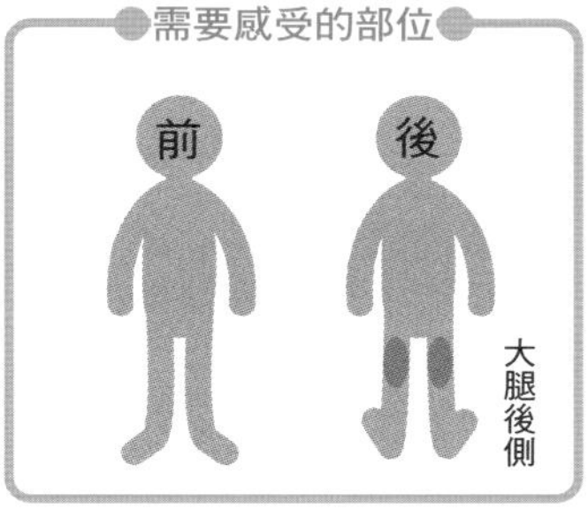

伸展運動

站著伸展大腿後側

1 身體站直，右腳往前伸出，腳尖稍微往上翹。

2 身體往前傾，並且輕輕地壓住腳。

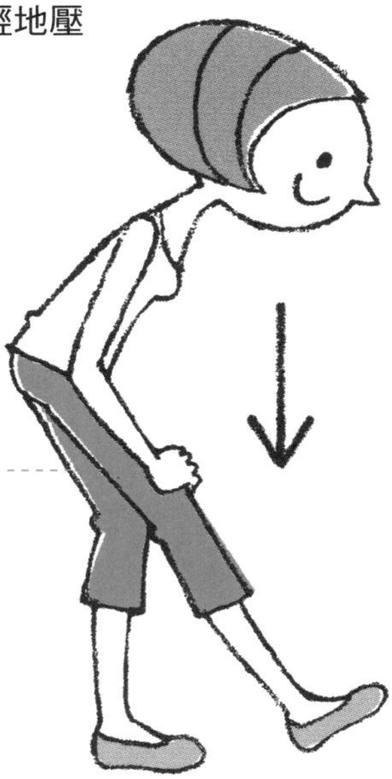

身體前傾至感受到大腿後側被拉直，有種舒服的緊繃感為止。

3 慢慢回復到1的姿勢。右腳做1至2次之後，左腳也要進行同樣的動作。

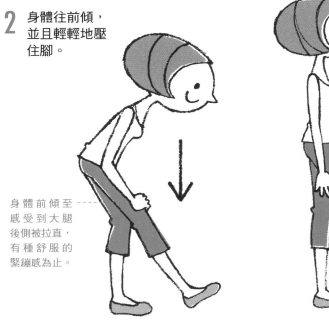

●需要感受的部位●

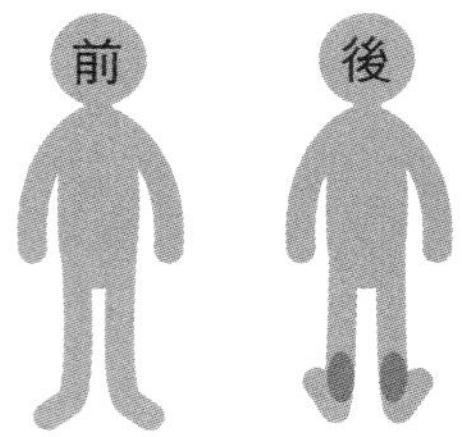
前
後
小腿

伸展運動

伸展小腿後側

1 面向牆壁站立，兩手平放在牆上，一腳慢慢往後伸，呈現雙腳前後打開的狀態。

2 慢慢地讓後伸的腳跟平放在地面上。

位於前面的腳彎曲時，注意不要讓膝蓋超過腳尖。
膝蓋伸直。
腳尖保持朝前方。

3 動作停留10至20秒，並重複做1至2次，另一腳也要進行同樣的動作。
如果腿部的緊繃感讓你不舒服，記得調整前後腳的間隔距離。

肌肉鍛鍊的重點是這個！

不要停止呼吸，自然的將「1、2、3」數出聲，一邊鍛鍊一邊計算次數。

＊請在不會感到疼痛或任何不適的情形下進行鍛鍊。

＊每一個動作請慢慢地維持7秒左右。

＊認真感受強化中的肌肉。

＊肌肉鍛鍊的動作，每組要做10次。如果左右都要做，左右要各做10次。

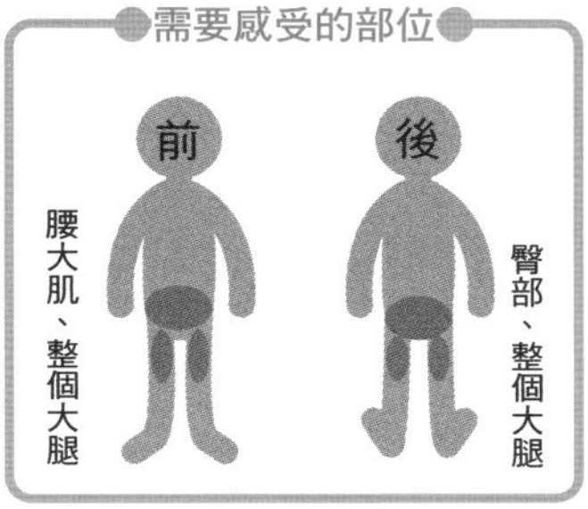

肌肉鍛鍊

深蹲（45度）

1 以手扶住椅背，伸展背肌並站直。雙腳張開與肩同寬。

2 邊確認腳尖與膝蓋是否朝相同方向，一邊像是要坐到椅子上般地彎曲股關節和膝蓋。

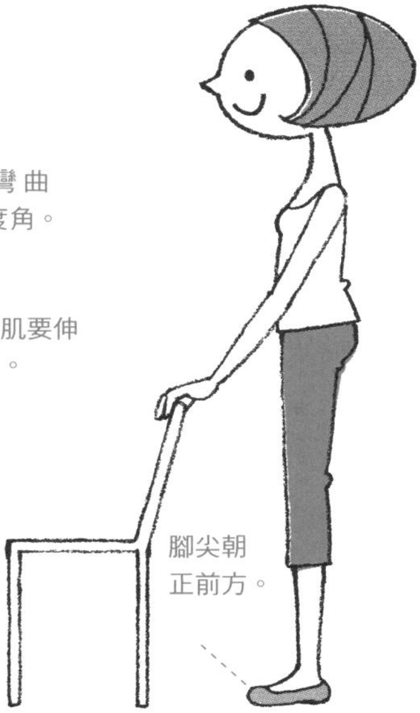

POINT!

以把臀部挺出去的姿勢將腰部往下壓。

3 慢慢回復到1的姿勢。

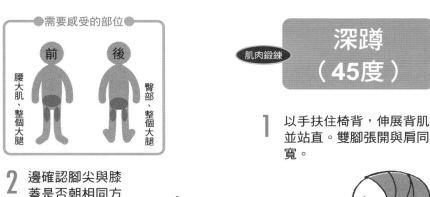

需要感受的部位

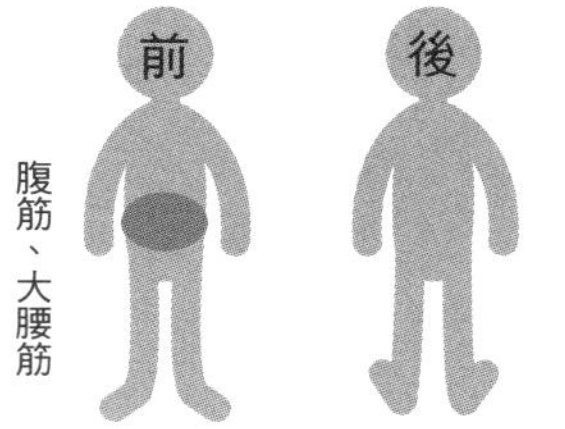

肌肉鍛鍊

站著抬腿

1 伸展背肌並站直，一隻手放在椅背上。

2 慢慢把腳抬起來，直到大腿與地面呈平行為止。

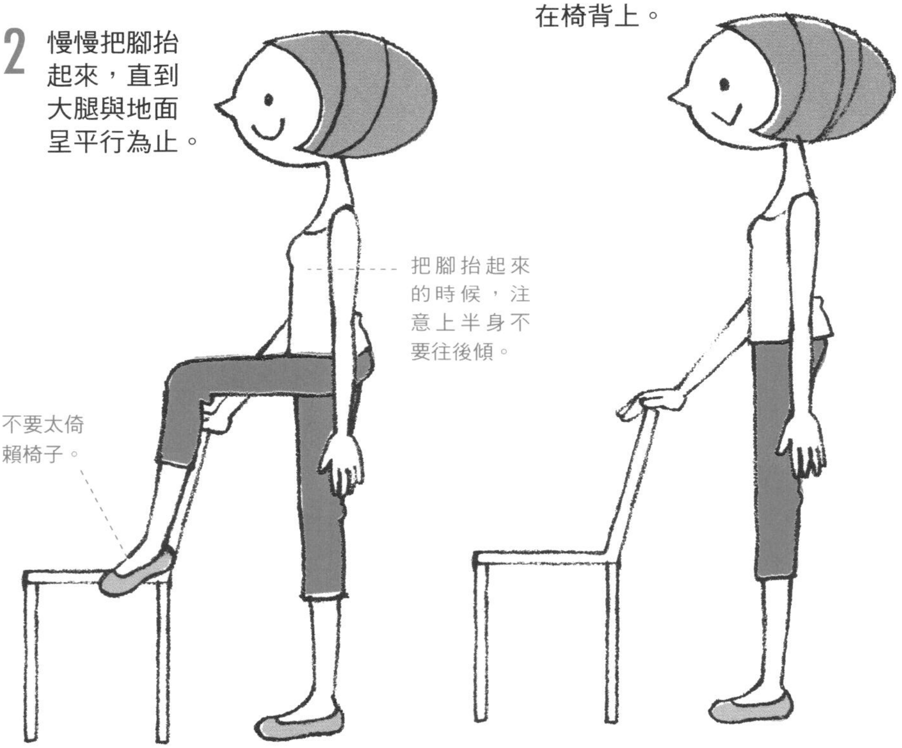

3 慢慢回復到1的姿勢。左腳做了10次之後，右腳也要進行同樣的動作。

POINT!

直到大腿與地面平行之前，要慢慢地把腳往上抬！

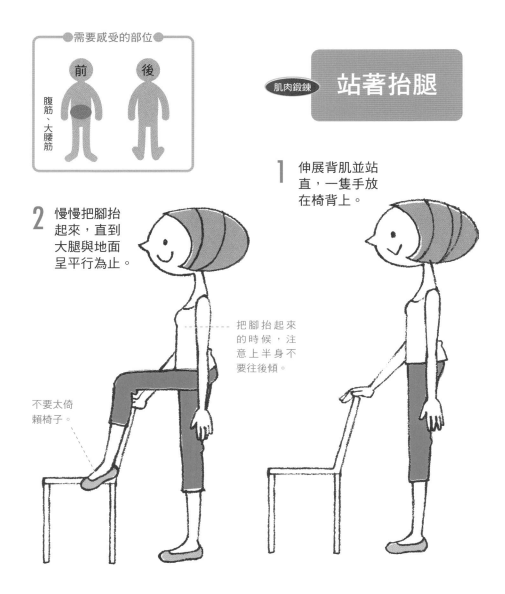

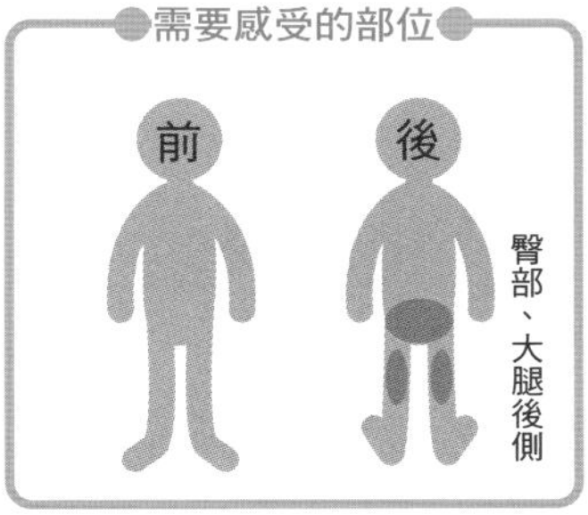
需要感受的部位
前
後
臀部、大腿後側

肌肉鍛鍊

向後踢腿

1 伸展背肌並站直，一隻手放在椅背上。

2 腰部保持不動，從腳跟慢慢往後踢。

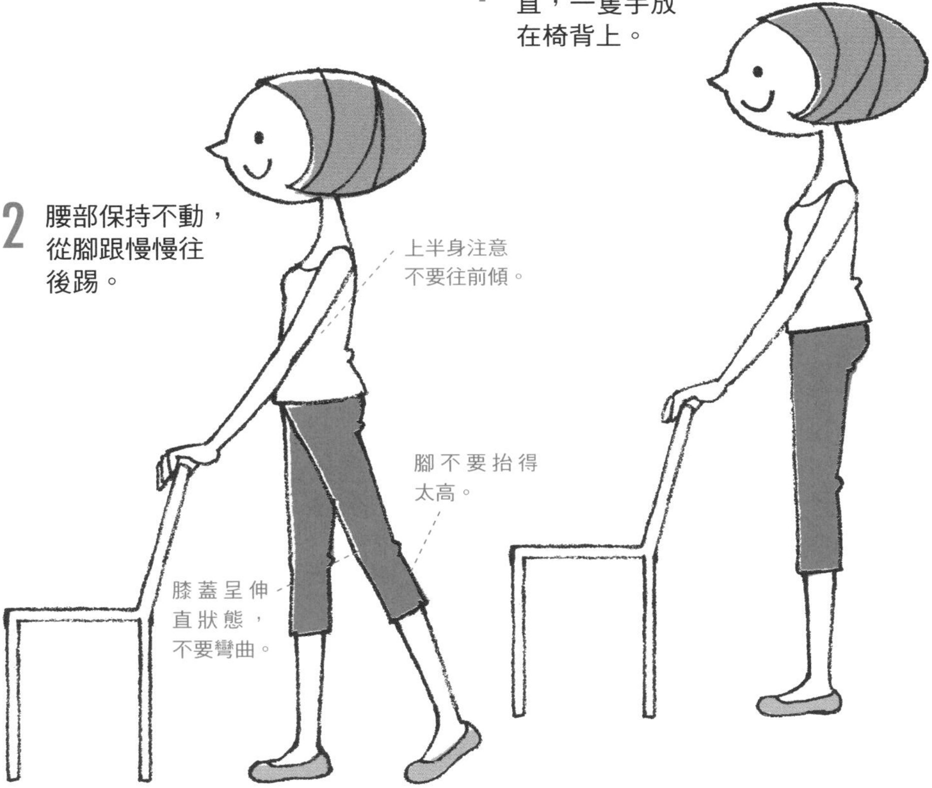
上半身注意不要往前傾。
腳不要抬得太高。
膝蓋呈伸直狀態，不要彎曲。

POINT!

將腳跟往後方慢慢推出去，比較容易感受到臀部肌肉。

3 腳慢慢回復原來的位置。另一隻腳也要進行同樣的動作。

進行1個月之後再持續1個月

伸展運動＆肌肉鍛鍊

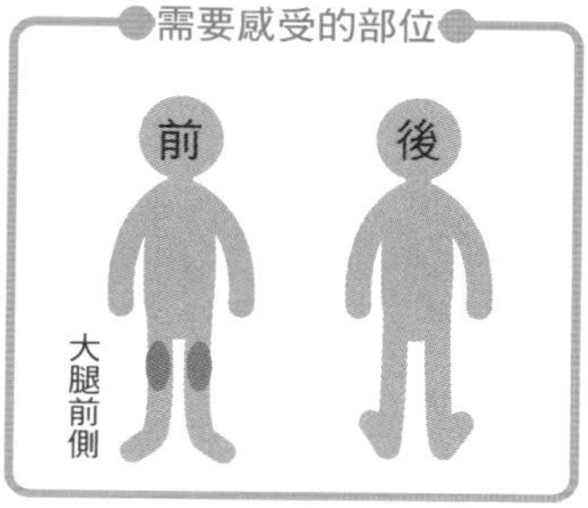

伸展運動

橫向伸展大腿前側

1 身體右側朝下橫臥，右手肘彎曲充當枕頭。

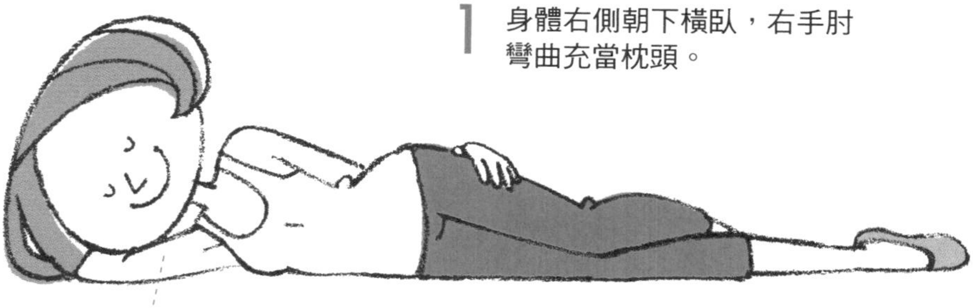

右手肘不彎曲，也可以直直平放。

2 左手抓住左腳背，小腿向後彎曲，儘可能讓腳跟碰到臀部。

3 右腳也要進行同樣的動作。

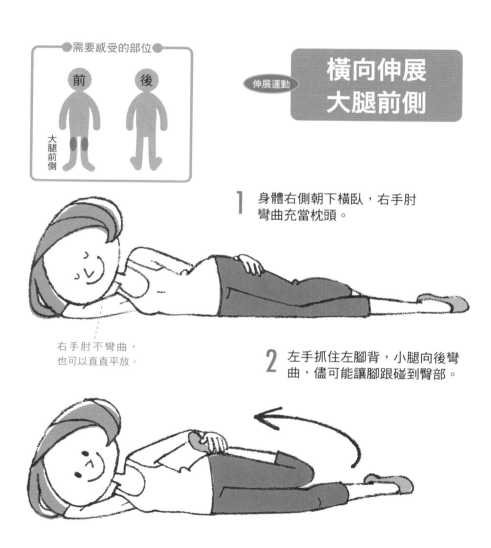

伸展運動的重點是這個！

＊每個姿勢要停留10至20秒，並重複1至2次。
＊只要是以單手或單腳來進行的動作，左右手腳都必須做到。

伸展運動 雙腳環抱

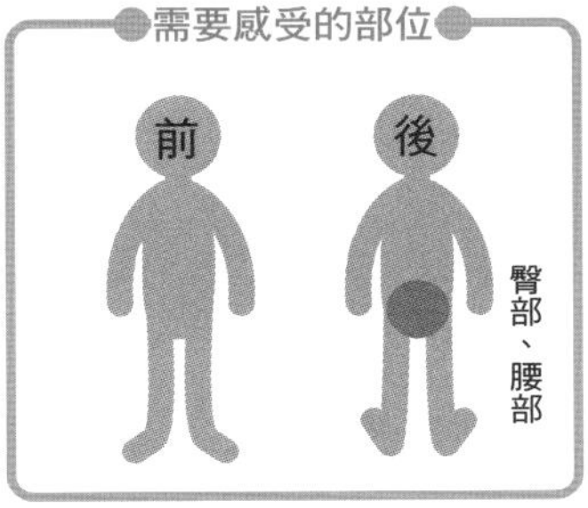

1 仰躺，雙手抱膝，直到感覺到舒適的緊繃感為止，停留10至20秒。

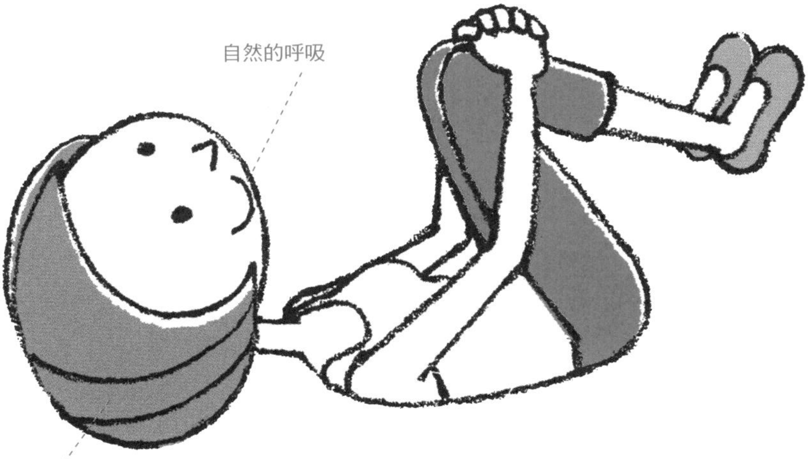

自然的呼吸

如果覺得頭部墊著枕頭比較輕鬆，也可以使用枕頭。

需要感受的部位

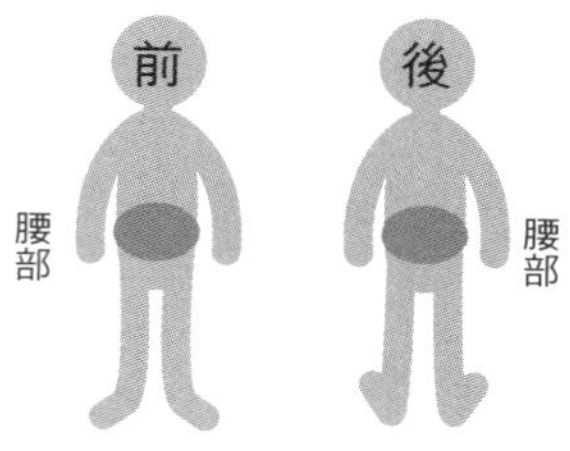

伸展運動 扭轉腰部

1 仰躺，兩手左右平放且伸直，左腳彎曲立起，把右腳放在左腳膝蓋上。

2 右腳勾住左膝，並倒向右側。

臉要朝向腳的反側。

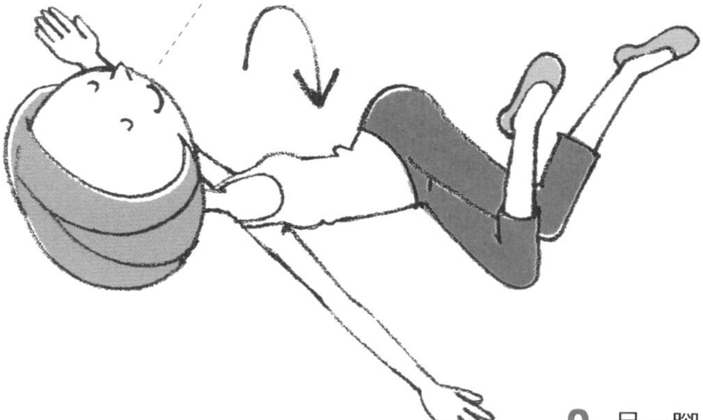

3 另一腳也要進行同樣的動作。

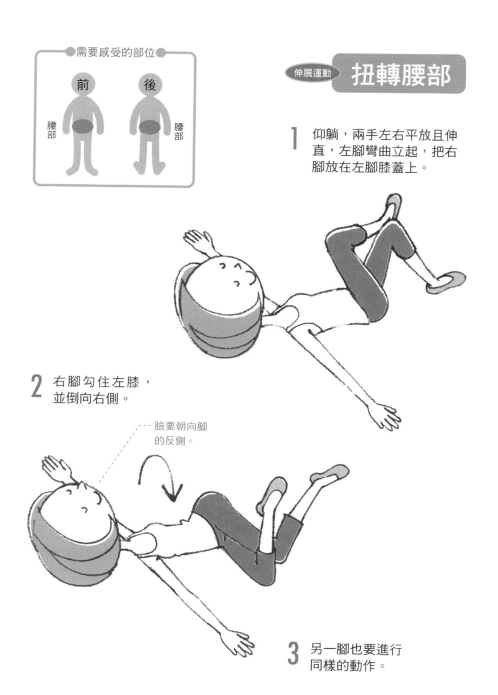

肌肉鍛鍊的重點是這個！

* 不要停止呼吸，自然的將「1、2、3」數出聲，一邊鍛鍊一邊計算次數。
* 請在不會感到疼痛或任何不適的情形下進行鍛鍊。
* 每一個動作請慢慢地維持7秒左右。
* 認真感受強化中的肌肉。
* 肌肉鍛鍊的動作，每組要做10次。如果左右都要做，左右要各做10次。

肌肉鍛鍊

深蹲（90度）

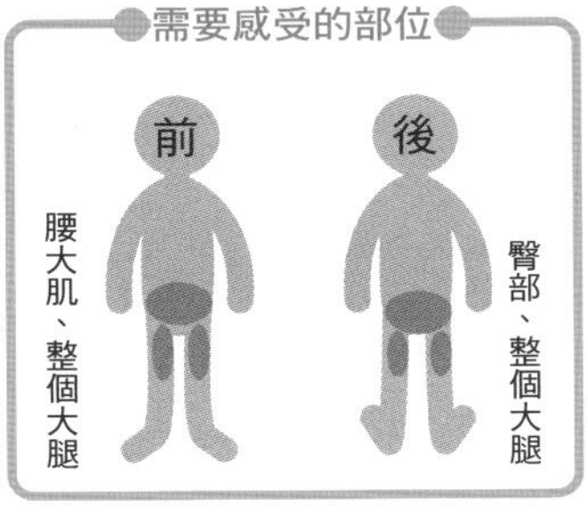

POINT!

以把臀部挺出去的姿勢將腰部往下壓。

1 以手扶住椅背，伸展背肌並站直。雙腳張開與肩同寬。

2 一邊確認腳尖與膝蓋是否朝相同方向，一邊像是要坐到椅子上般地彎曲股關節和膝蓋。

3 然後慢慢回復到1的姿勢。

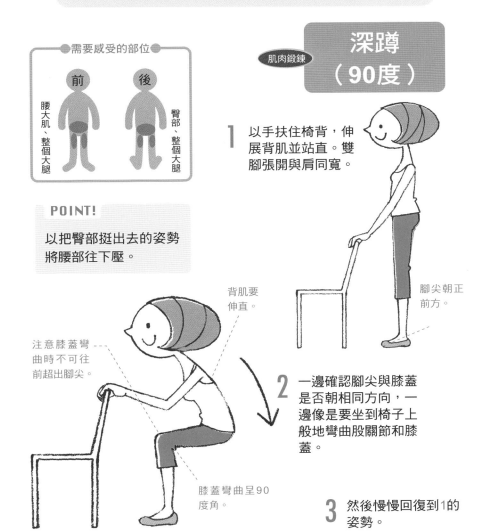

需要感受的部位

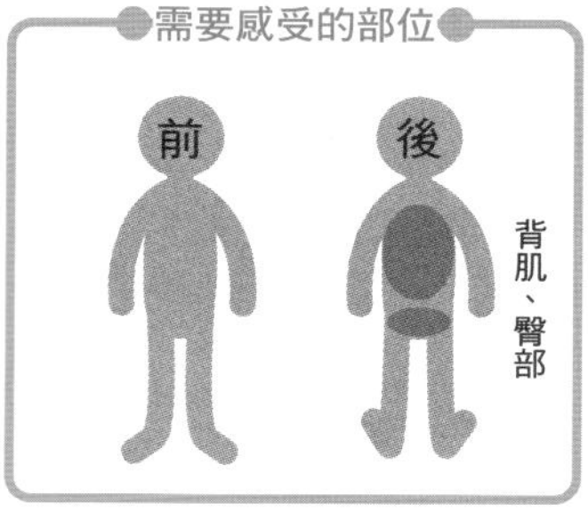

肌肉鍛鍊

背肌

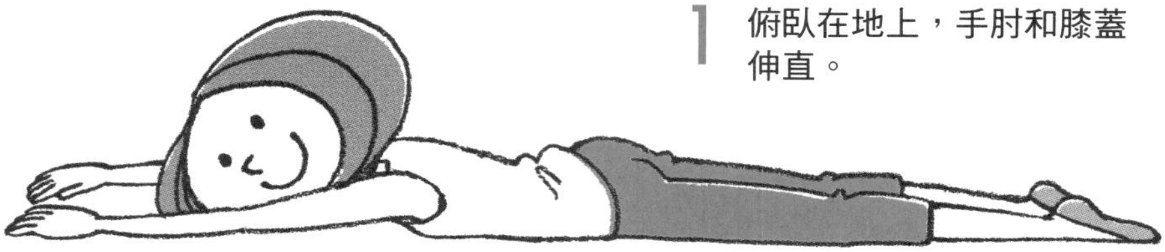

1 俯臥在地上，手肘和膝蓋伸直。

2 將左手臂和右腳慢慢地&輕輕地抬起來。

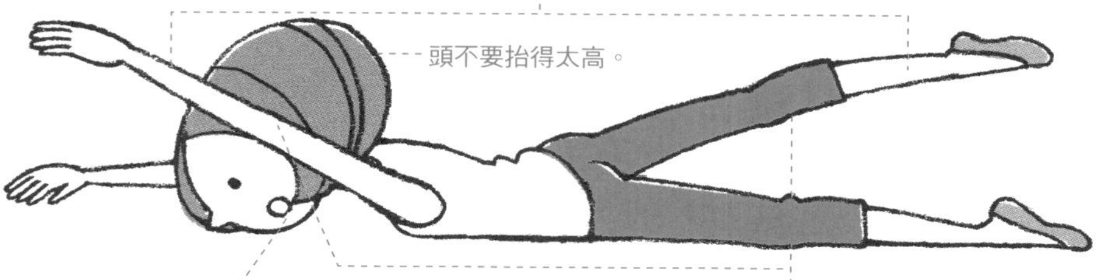
以感受到對角線上的手腳都被拉起來的方式，將手臂和腳往上抬（不要抬得太高）。
不要停止呼吸。
手肘和膝蓋不要彎曲。

3 慢慢回復到1的姿勢。右手和左腳也要進行同樣的動作。

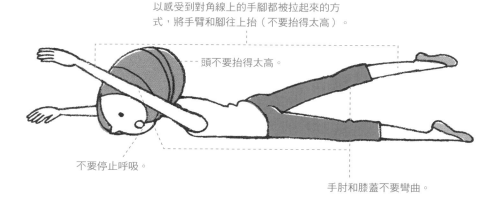

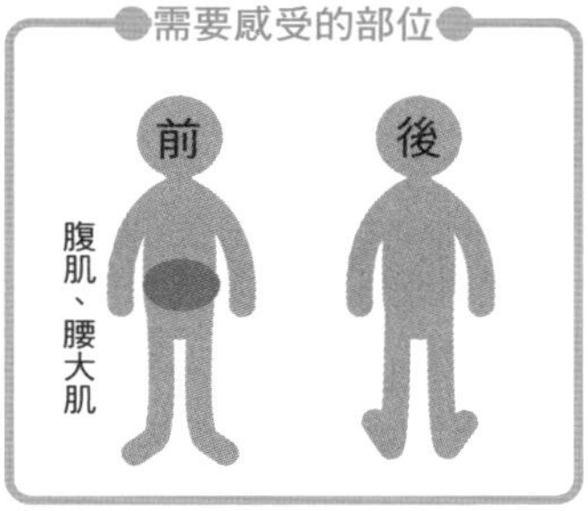

肌肉鍛鍊

仰臥起坐（肩膀離地）

1 仰躺，曲膝。雙腳張開與肩同寬，把手放在大腿上。剛開始做的時候，可以拿一個坐墊或枕頭墊在背部和地板之間。

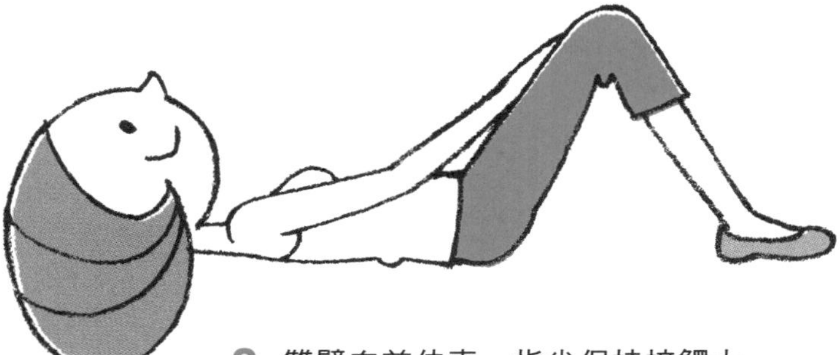

2 雙臂向前伸直，指尖保持接觸大腿，然後像要靠近肚臍觀看一般，一邊吐氣一邊緩慢的將上身抬起。

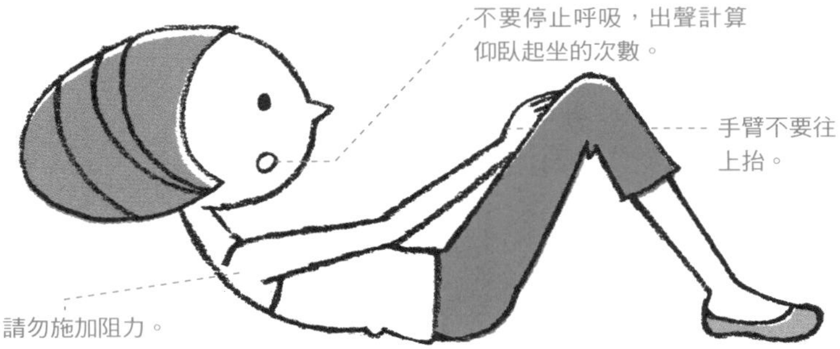

3 慢慢回復到1的姿勢。

習慣之後

等到能輕鬆進行仰臥起坐之後，可以把手交叉在胸前做。

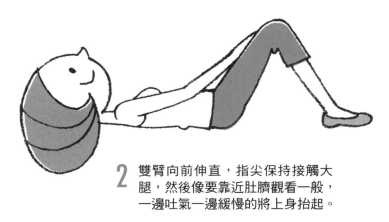

之後還要持續進行的
伸展運動＆肌肉鍛鍊

伸展運動 身體側邊

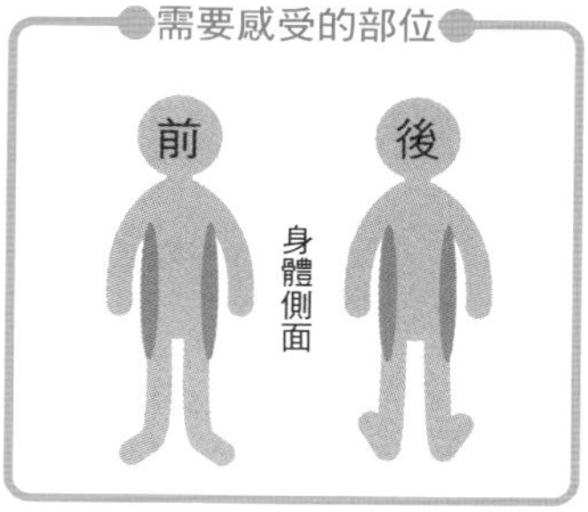

1 採輕鬆的坐姿。

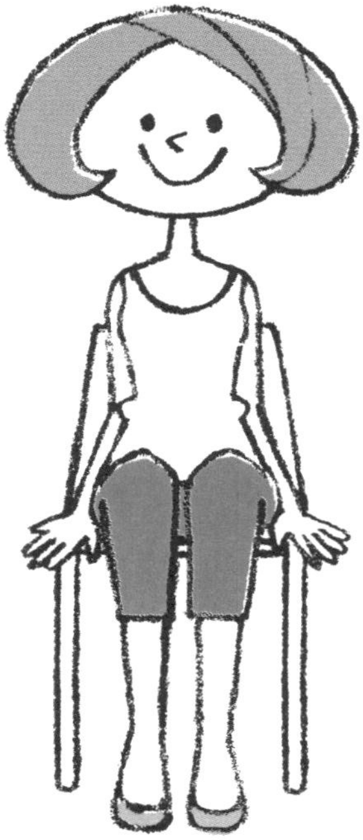

2 伸展背肌，一邊注意腰部不要移動，一邊將手伸往斜上方，然後讓身體隨著手慢慢向一邊側彎。

3 拉伸至身體側面，至令人感覺到舒服緊繃的位置後稍做停留。

4 身體另一邊也要進行同樣的動作。

伸展運動的重點是這個！

＊每個姿勢要停留10至20秒，並重複1至2次。
＊只要是以單手或單腳來進行的動作，左右手腳都必須做。

需要感受的部位

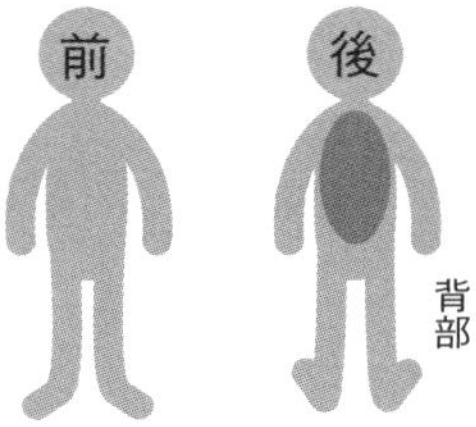
前
後
背部

伸展運動

背部弓起

1 採輕鬆的坐姿。

2 雙手伸到前方，十指交叉。
慢慢拱起背部呈弓狀。

宛如抱著一顆大球的姿勢。

3 背部拱至出現舒服的緊繃感後，稍做停留。

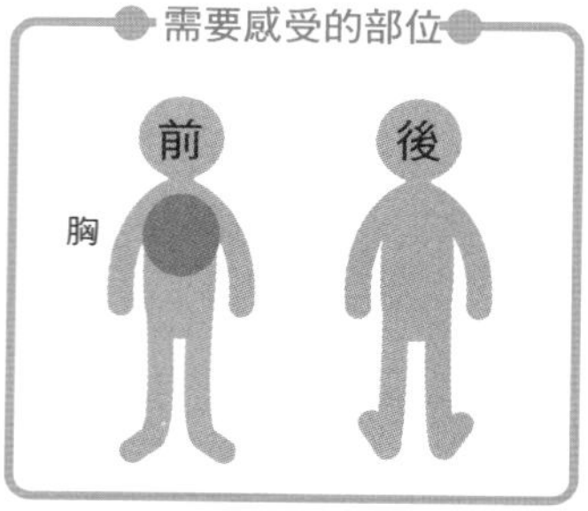

伸展運動

挺胸

1 採輕鬆的坐姿。

2 在伸展背肌的狀態下，雙手向後伸，十指交叉。

3 伸展至出現舒服的緊繃感後，稍做停留。

肌肉鍛鍊的重點是這個！

＊不要停止呼吸，自然的將「1、2、3」數出聲，一邊鍛鍊一邊計算次數。
＊請在不會感到疼痛或任何不適的情形下進行鍛鍊。
＊每一個動作請慢慢地維持7秒左右。
＊認真感受強化中的肌肉。
＊肌肉鍛鍊的動作，每組要做10次。如果左右都要做，左右要各做10次。

需要感受的部位

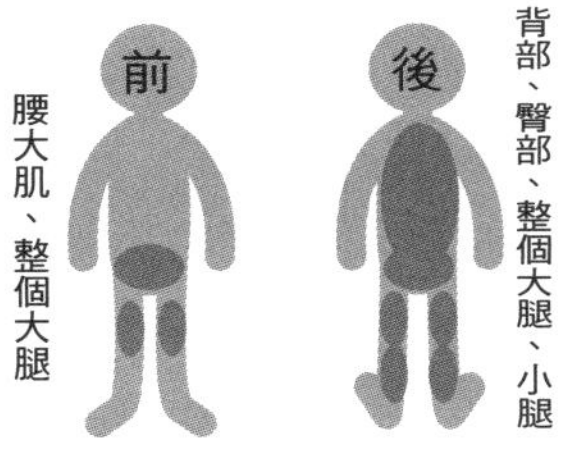
前
腰大肌、整個大腿
後
背部、臀部、整個大腿、小腿

伸展運動

背部伸展深蹲

1 雙腳打開與肩同寬，伸展背肌站直。

2 一邊確認腳尖與膝蓋是否朝相同方向，一邊像是要坐到椅子上般地彎曲股關節和膝蓋。

3 慢慢回復到1的姿勢，然後踮起腳跟，兩隻手臂向後往上抬。

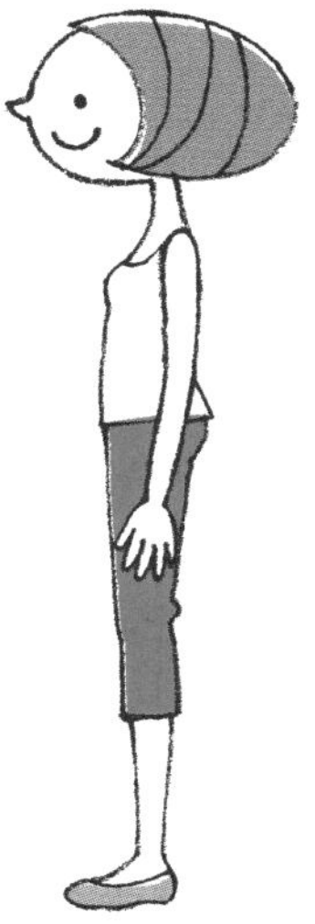

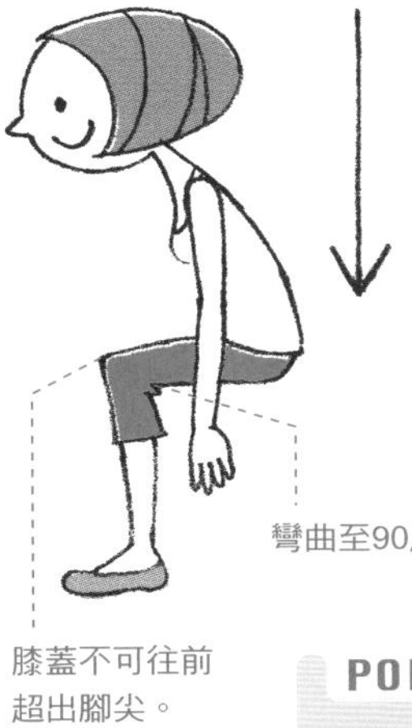
彎曲至90度角。
膝蓋不可往前超出腳尖。

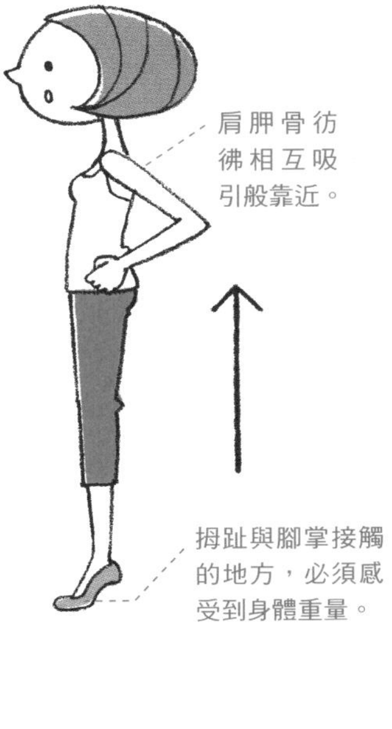
肩胛骨彷彿相互吸引般靠近。
拇趾與腳掌接觸的地方，必須感受到身體重量。

POINT!

深蹲的姿勢需留意不要歪斜！

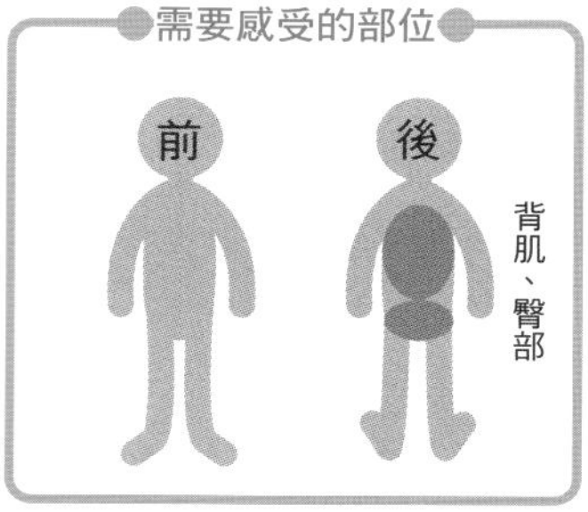
需要感受的部位
前
後
背肌、臀部

肌肉鍛鍊

背肌（四肢著地）

1 身體呈四肢著地的姿勢。
雙腳張開與腰部同寬。

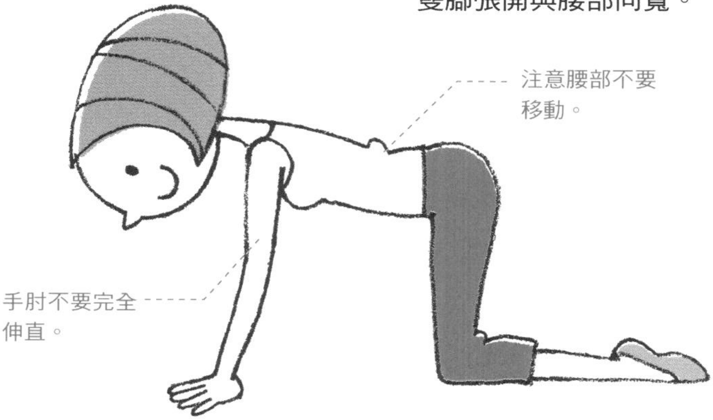
注意腰部不要移動。
手肘不要完全伸直。

2 右手臂往前，左腳往後，
慢慢伸展出去。

臉保持朝向地板。

3 慢慢回復到1的姿勢。左手和右腳也要進行同樣的動作。

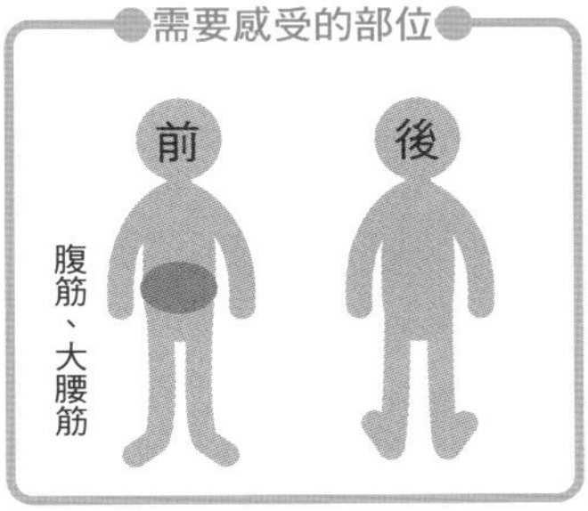

肌肉鍛鍊

仰臥起坐（背部離地）

1 仰躺，曲膝。雙腳張開與肩同寬，把手放在大腿上。剛開始做的時候，可以拿一個坐墊或枕頭墊在背部和地板之間。

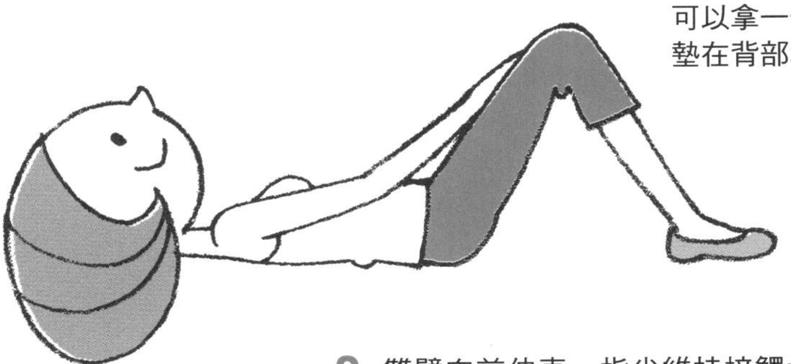

2 雙臂向前伸直，指尖維持接觸大腿，然後像要靠近肚臍觀看一般，邊吐氣一邊緩慢地將上身抬起，將背部抬離地板。

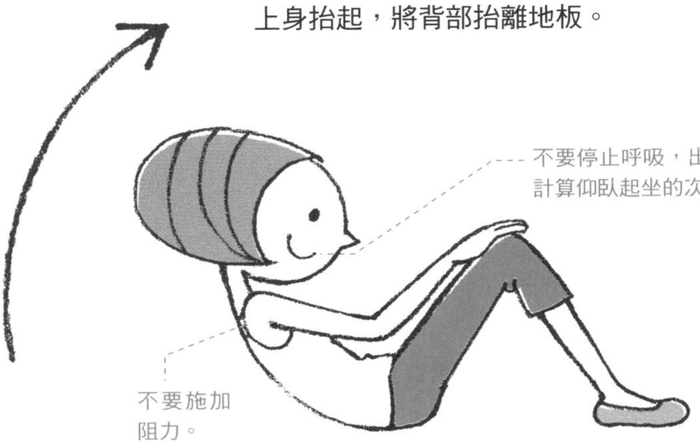
不要停止呼吸，出聲計算仰臥起坐的次數。

3 慢慢回復到1的姿勢。

習慣之後

等到能輕鬆進行仰臥起坐之後，可以把手交疊在胸前。

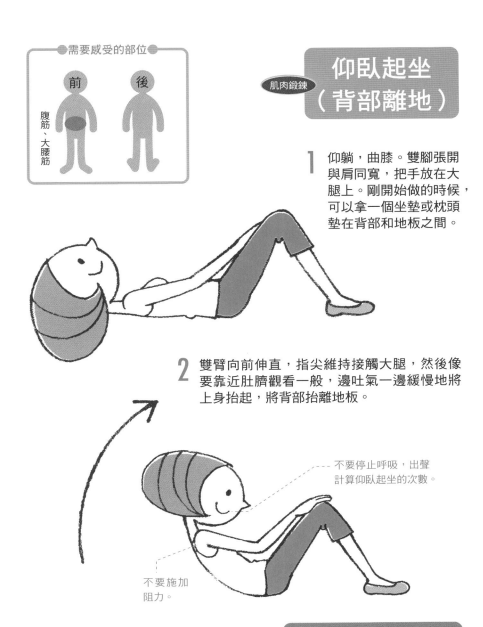

可以矯正姿勢的
伸展運動＆肌肉鍛鍊

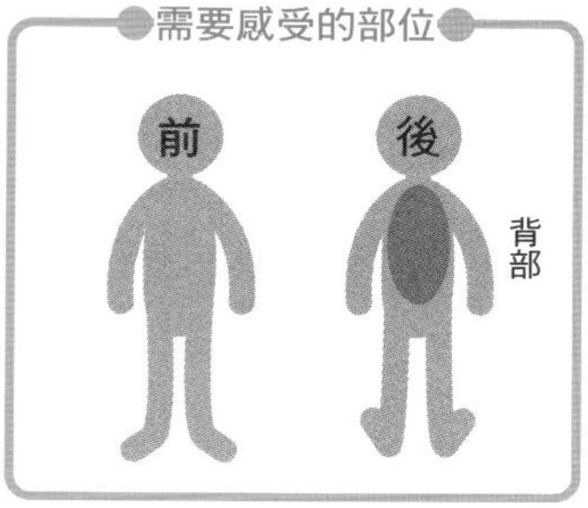

伸展運動

站著弓起背部

1 站著將雙腳打開至與肩同寬，膝蓋稍微彎曲。

2 雙手伸到前方，十指交叉。慢慢拱起背部呈弓狀。

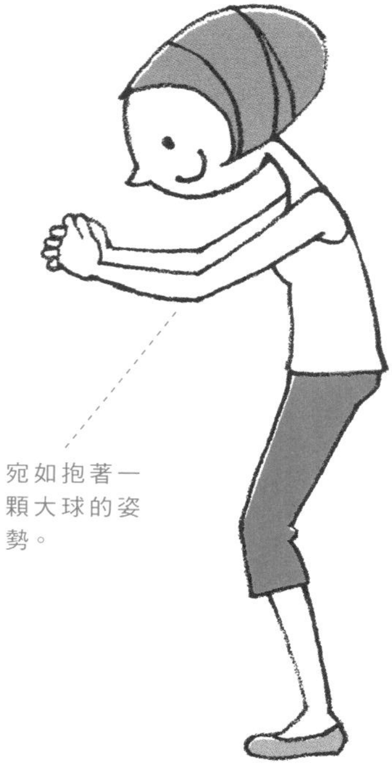

3 背部拱至出現舒服的緊繃感後，稍做停留。

伸展運動的重點是這個！

＊每個姿勢要停留10至20秒，並重複1至2次。
＊只要是以單手或單腳來進行的動作，左右手腳都必須做到。

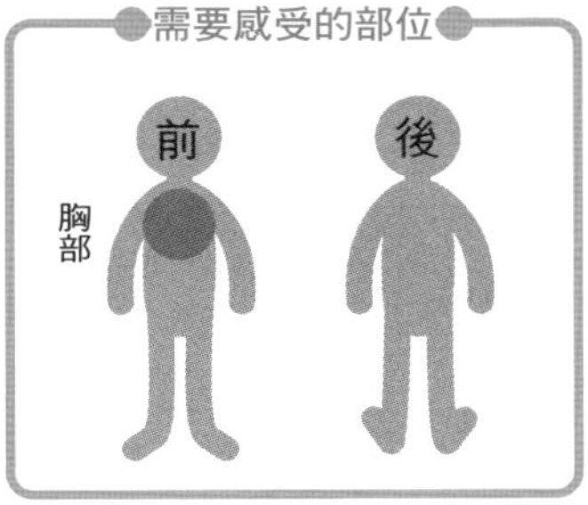

伸展運動

站著挺胸

1 站著將雙腳打開至，與肩同寬。

2 一邊注意腰部不要移動。一邊雙手向後伸，十指交叉。

3 一邊伸展背肌，一邊將交叉的雙手慢慢往下拉。

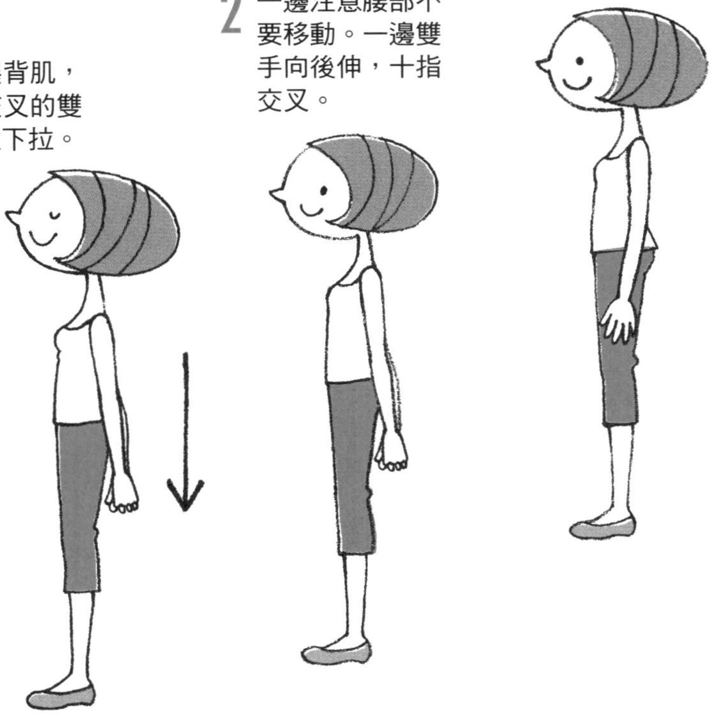

4 出現舒服的緊繃感後，稍做停留。

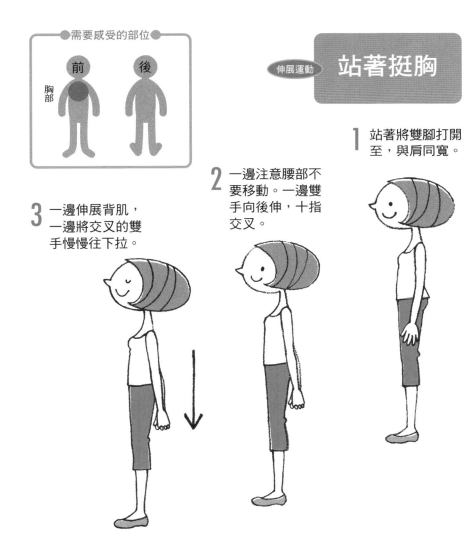

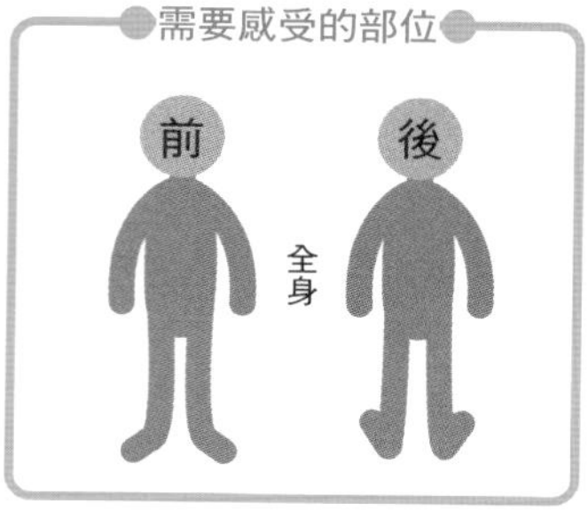

伸展運動

伸展全身

1 挺直身體站立。

2 兩手上舉，十指在頭上互相交叉，將手往上伸直。

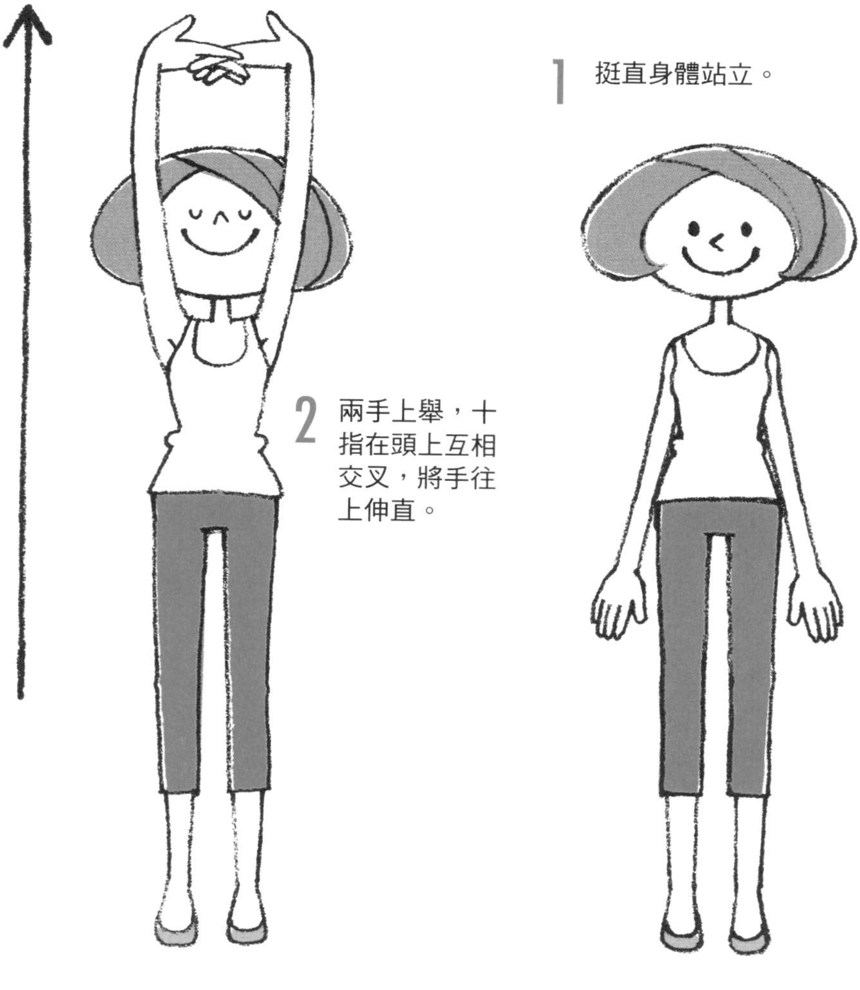

肌肉鍛鍊的重點是這個！

* 不要停止呼吸，自然的將「1、2、3」數出聲，一邊鍛鍊一邊計算次數。
* 請在不會感到疼痛或任何不適的情形下進行鍛鍊。
* 每一個動作請慢慢地維持7秒左右。
* 認真感受強化中的肌肉。
* 肌肉鍛鍊的動作，每組要做10次。如果左右都要做，左右要各做10次。

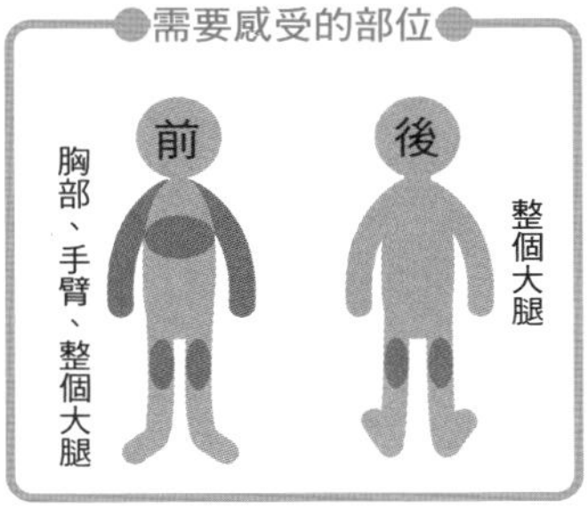
需要感受的部位
前
後
胸部、手臂、整個大腿
整個大腿

肌肉鍛鍊

往前踏步 手往前推

1 伸展背肌，以兩手往後拉的姿勢站著。

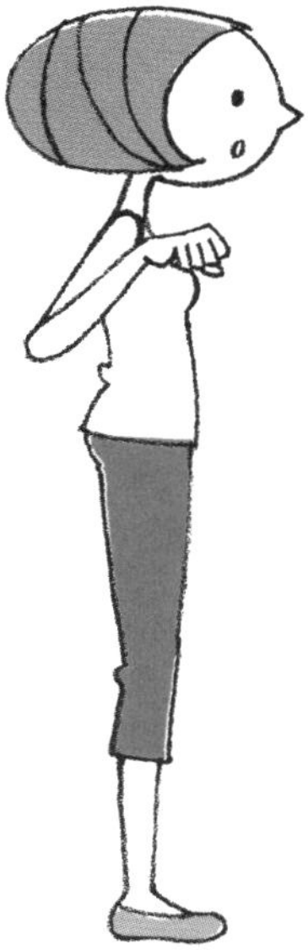

2 將兩手往前方推出去，同時一隻腳往前踏出一步。

膝蓋要彎曲呈90度。
注意踏出去的那隻腳，膝蓋不可往前超過腳尖。

3 兩手縮回來，回復到1的姿勢。雙手縮回來時，動作必須讓肩胛骨靠在一起。

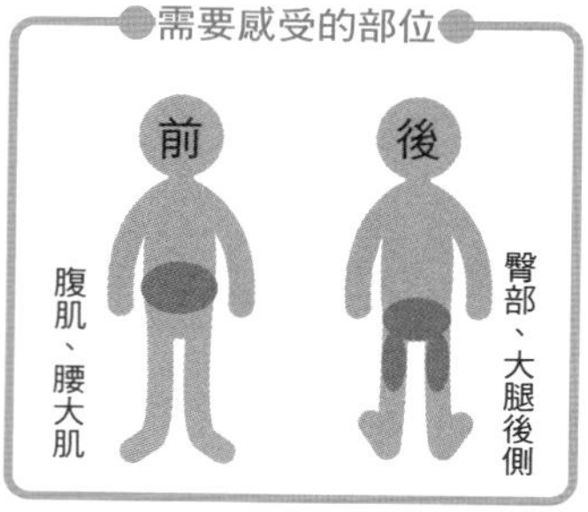

肌肉鍛鍊

腿往上抬並後踢

1 伸展背肌並站著，用一隻手扶住牆壁。

2 慢慢把腳抬起來，直到大腿與地面呈平行為止。

注意上半身不要往後傾。

如果身體會搖晃，可以用手抓住椅背。

3 腰部保持不動，一邊伸展膝蓋，一邊把腳往後踢。

4 往後踢的腳膝蓋彎起，盡量讓腳跟碰到臀部。另一腳也要進行同樣的動作。

只要持續做下去，就能變年輕！

保持青春活力是每個人的願望。為了青春永駐，持續鍛鍊肌肉是很重要的。從下面的圖表中我們可以了解到，只要停止肌肉鍛鍊或伸展運動，肌肉量就回復到原來的狀態。換句話說，肌肉會減少。

事實上，即便因為感冒而少做幾天的肌肉鍛鍊和伸展運動，肌肉量也會下降。

因此，想鍛鍊好背肌或腹肌，最要緊的就是持續。當然，如果身體狀況不佳，就沒必要勉強自己鍛鍊，只要等身體恢復後再繼續鍛鍊就好。將鍛鍊視為生活的一部分，就算是遇到跌倒，甚至骨折，都不怕會發生臥病不起的情況。

只要持續執行鍛鍊計畫，就能讓身體重返青春！

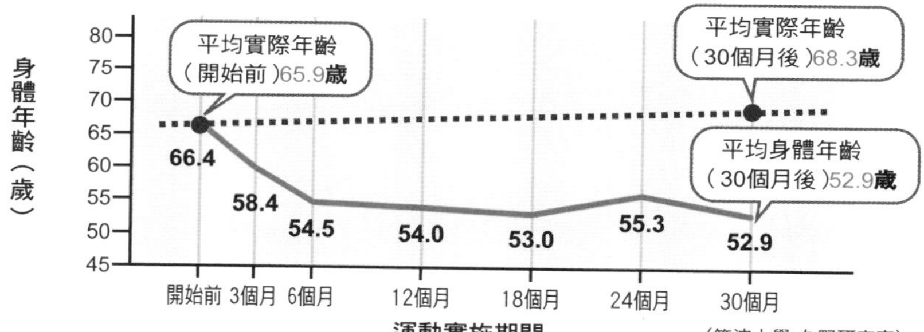

（筑波大學 久野研究室）

中斷運動計畫就會急遽老化

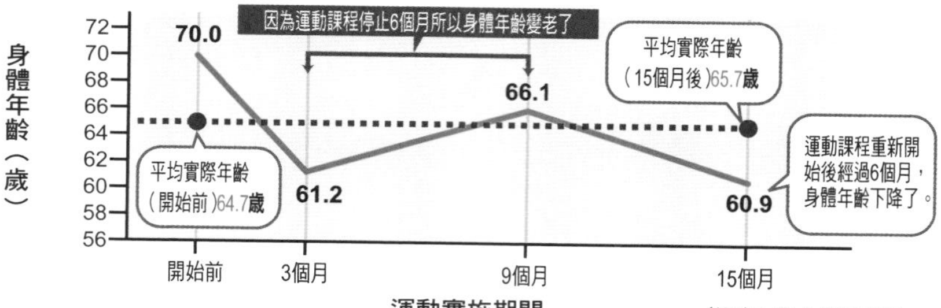

（筑波大學 久野研究室）

part 3

可在日常生活中進行的身體鍛鍊

先前的篇幅主要都是在介紹肌肉鍛鍊和伸展運動。
自本篇開始，將為各位介紹基本3原則中剩下的兩個原則，
也就是關於飲食及有氧運動的內容。

為了增加肌肉，可在日常生活中實踐的活動

了解基本三原則，並融入生活中

在前面的內容中也曾提到，若想增加肌肉預防罹患肌少型肥胖症，不僅要靠肌肉鍛鍊，有氧運動和飲食也很重要（請見第34頁）。

三原則中若欠缺一項，也許短時間內會進行順利，但之後必然會復胖。此外我們也瞭解，如果只進行有氧運動，肌肉就會衰退；如果只控制飲食和進行肌肉鍛鍊，肌肉量和體重雖然會增加，身上的脂肪卻無法燃燒。想燃燒脂肪，有氧運動（推薦走路）是不可或缺的。所以，將三原則融入生活中相當重要。

為何在所有有氧運動中走路是最佳的選擇？

為什麼走路是最好的有氧運動呢？像慢跑這類強度高的運動，會消耗體內的肝醣作為能量來源。而走路這類強度低的運動，消耗的則是脂肪。雖然肌肉鍛鍊也可以燃燒內臟脂肪，但走路才是燃燒脂肪最有效率的方式。

應該有人在進行游泳或瑜珈等運動吧？大部分的時候，只有做這些運動是不夠的。不過，為了解除壓力，可以繼續進行這些運動，再加上走路來彌補不足的部分。

在日常生活中試著實踐這些事情吧！

不要搭乘電梯或手扶梯，直接走樓梯

上下樓梯等同於「走路」。

等待捷運的時候，可以從月台的一端走到另一端

在月台散步可增加走路的步數。

不要把東西一次買齊，透過每天採買來提升步數和營養

每天出去採買不僅能增加步數，還可以品嚐到最新鮮的食物。

可以趁刷牙或看電視等時刻，一邊進行肌肉鍛鍊

如果會因為沒時間而不知不覺忘記鍛鍊，乾脆一邊做某些事一邊鍛鍊吧！這樣反而不會忘記。

＊可以趁看電視或睡覺前等空檔做肌肉鍛鍊。
＊可在搭乘捷運中或工作空檔做肌肉鍛鍊。
＊在公車及捷運的前一站下車，走路到達目的地。
＊事先決定肌肉鍛鍊的時間，可用手機、鬧鐘等來提醒自己。

檢測自己的姿勢

可以請周圍的朋友幫忙或以拍照的方式加以確認

一天之中，需要坐下和站起的時間比我們想像中還要多。就算努力實行伸展運動和肌肉鍛鍊，如果站立和坐下時呈現駝背或腹凸的姿勢，那就不妙了。

只要站立和坐下的姿勢正確，不僅能保持一整天都姿勢優美，還能給予全身恰如其分的挺拔感。

首先，請朋友或家人幫忙確認自己的姿勢。或是以拍照的方式來確認自己的姿勢是否正確。接著再進行調整，修正成圖片中的正確姿勢。

檢測自己的姿勢

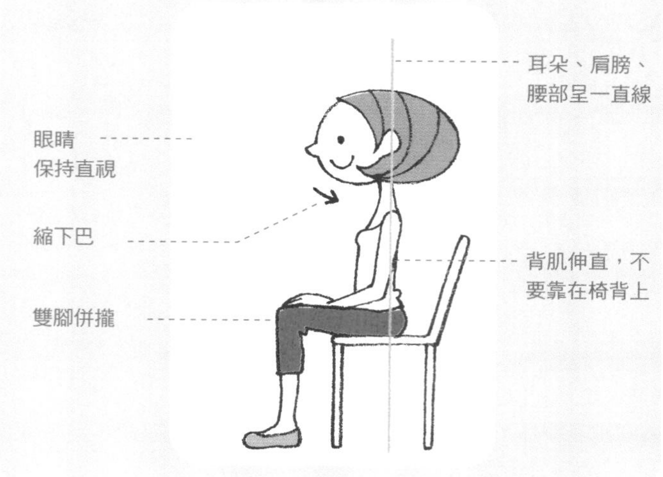

正確的站姿

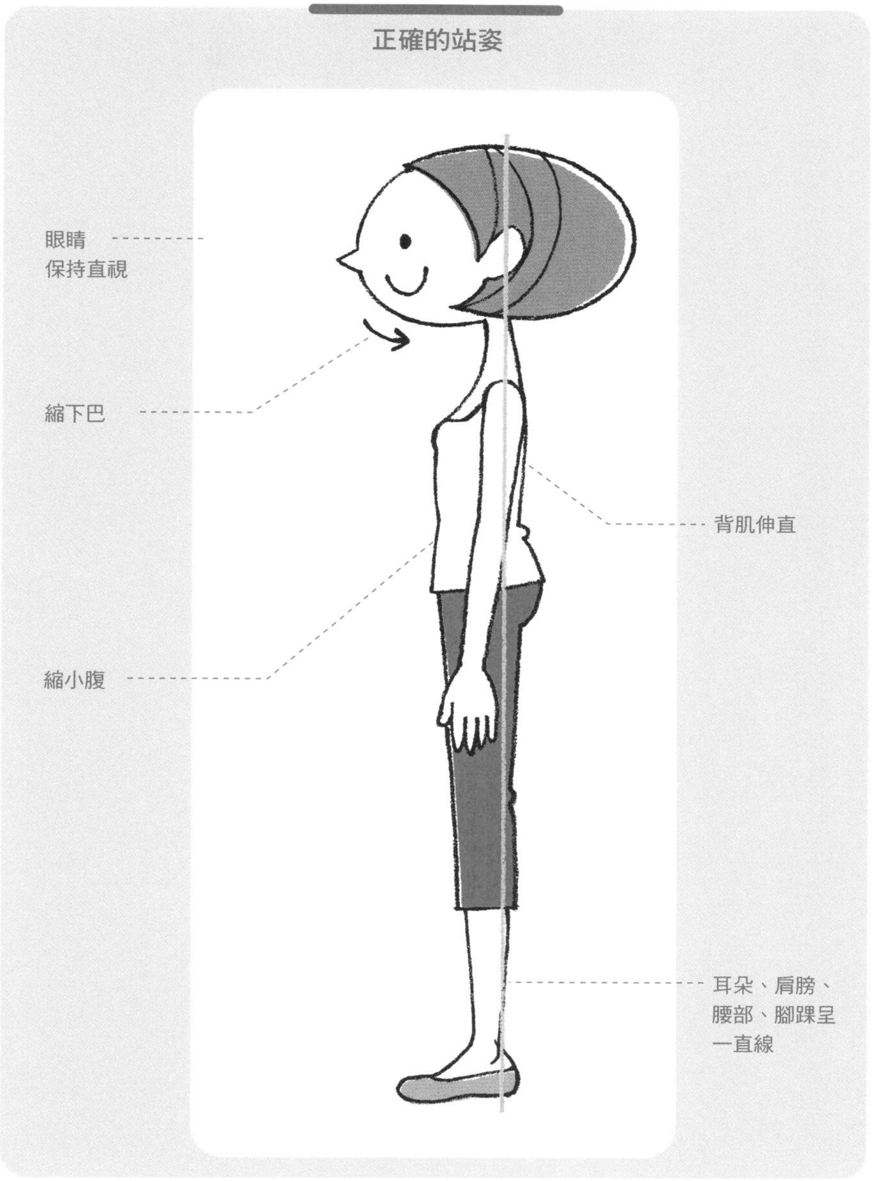

每天「走路」是增加肌肉量的關鍵

每天檢視自己究竟走了多少步

你知道自己每天大約走多少步嗎？我想大部分的人在走路時，應該都不會在意自己的步數。

首先，請戴上計步器，試著一個禮拜都不要去注意計步器，繼續自己的日常生活。過了一週之後，請把自己的步數寫下來，然後去計算一週內的平均步數。一週內的步數，每天都各有不同。有時會因為下雨而不太走路，有時會因為出去逛街而走很多路。從這一週的步數中，我們可以看到自己的走路狀況。在展開走路生活之後，這些步數將可以成為重要的情報來源。

如果你手邊沒有計步器，剛好可以趁這個機會購買一個多功能的。推薦各位購買除了能計算步數，還具有計算以某個速度，快速步行10分鐘以上的「努力步行」（名稱依機種而不同）功能的計步器。如果步數資料能保存1個月以上，就能看到自己努力的成果，並藉此激勵自己。

首先讓自己一天增加3000步

根據厚生勞動省提出的標準，每天必須行走1萬步。但是，對於目前為止每天走路不超過4000步的人來說，一下子要走1萬步根本是不可能的事。根據調查，只要每天多走3000步，就能讓成為生活習慣病指標的血液數據變好，體力也能夠獲得提升（請參見左圖）。

所以，請你以前一週所走的平均步數為基礎，再另外加上3000步，然後設定成每天必須達成的步數就可以了。

「每天連續走20分鐘以上的路」只是一種幻想

你可能會認為，像走路這類有氧運動，必須持續20分鐘以上才能燃燒脂肪。不過，對於每天都很忙碌的我們來說，並不是一件容易做到的事。這可能也是很多人無法持續運動下去的原因。不過科學研究的結果顯示，有氧運動即使沒有持續20分鐘以上也能成功燃燒脂肪。換句話說進行兩次10分鐘左右的有氧運動，就和做20分鐘以上有同樣的燃脂效果。

所以，就算沒有連續走20分鐘以上的路也沒有關係。這樣一來，就算再忙碌，也能夠持續運動下去了。

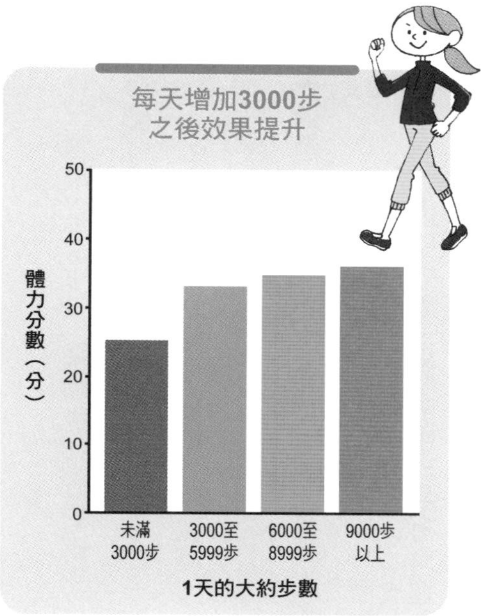

（筑波大學 久野研究所）

只要實行加法式走路法就能有效燃燒體脂肪

左圖表是1999年美國所進行的研究結果。他們將肥胖女性分成「每天走30分鐘的路」和「每天走路3次，一次10分鐘」兩組，持續進行6個月實驗。結果，兩組的體脂肪減少量幾乎沒有差別。

從這個實驗結果可以瞭解，就算是10分鐘左右的短時間走路，只要加總次數，就有可能達到長時間走路的燃脂效果。將走路這類有氧運動的運動量，如果以1日或1週為單位來相加，就能更有效地燃燒脂肪。

關於走路，你可能以為必須特別去走，或必須額外撥出運動的時間，其實不然。請把平時的走路（移動）當作運動來看待吧！也就是說，只要把平常走路的步數加起來就行。

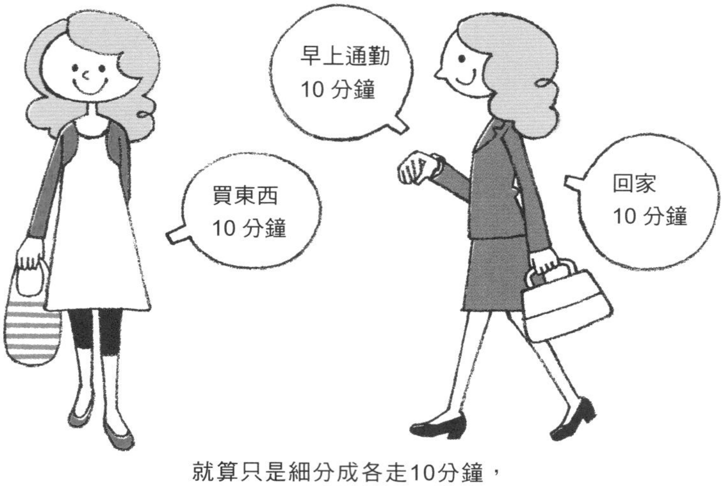

就算只是細分成各走10分鐘，
也能達到同樣的燃脂效果！

就算進行加法式走路也能減少脂肪

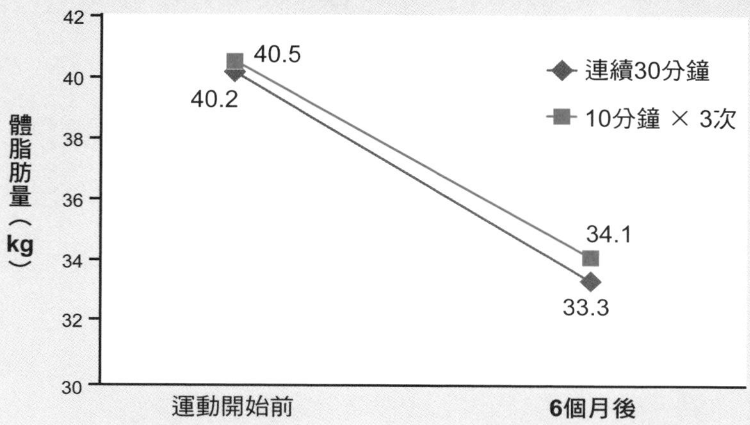

（Jakicic et al.1999 JAMA Effects of intermittent Exercise and Use of Home Equipment on Adherence, Weight Loss,and Fitness in Overweight Women）

在考慮時程和天氣的狀況下增加步數

到底該如何在日常生活中增加步數呢？

出去吃午餐的時候，可以走到比平常用餐處更遠的便利超商或餐廳用餐。單程如果需要走5分鐘，來回就需要走10分鐘。一般來說，10分鐘大約可以走1000步左右，所以這趟來回就可以走到1000步了。

有時也會發生因為太忙，或下雨無法走遠路的情況。所以，請以一週為單位來調整步數。「今天天氣很好，所以連同昨天的份一起走吧！」、「將平日沒辦法達到的步數，放在週末一次走完。」請像這樣依據天氣、時程安排或身體狀況調整走路的步數吧！多花點心思就能自然地增加步數，還有可能讓自己想走更多路呢！

快走可提升燃燒脂肪的效果

連續快走10分鐘以上，脂肪會更容易燃燒

習慣走路之後，就試著每天至少來一趟10分鐘以上的快步走吧！

不知道大家所配戴的計步器上，是否有能夠在走路速度及時間超過一定程度時，進行計步的功能呢？如果有這種功能，就很容易計算快走步數了。以每分鐘60步以上的速度來行走，便是人稱的「快速步行（快走）」。

實行快走可加倍提高燃燒脂肪的效果，還可以增加持久力，軟化動脈血管，對於預防動脈硬化及腦中風有極大幫助。

儘可能每天實行2000步的快走，效果會更加提升！

請看一下左頁上方的圖表。圖表中顯示了快走10分鐘以上（稱為「努力步行」）走路較多的人，身體年齡較易恢復年輕。此外，體重減輕5％以上的人，努力步行的平均步數是2095步，血液數據的改善成果也頗令人期待。

所以，實行快走時，請各位儘可能每天走到2000步（15至20分鐘內）。

快走10分鐘以上之後效果立現

持續10分鐘以上的快走稱為「努力步行」。實行「努力步行」的次數越多，身體年齡變年輕的幅度也越大。此外，體重減輕5%以上的人，努力步行的平均步數約2095步，在血液數據的改善方面也令人期待。

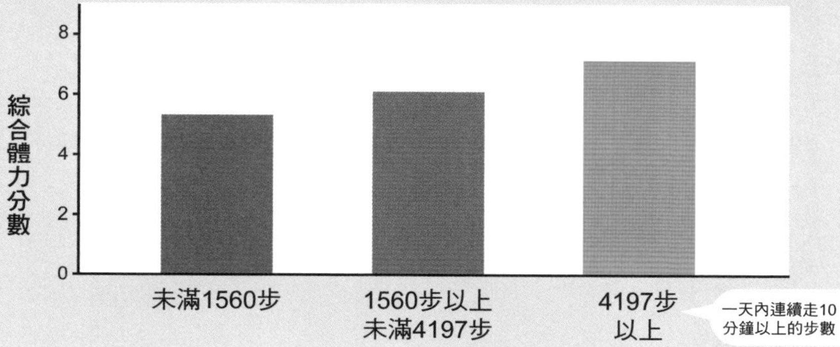

（筑波養生研究機構）

讓快走習慣化的訣竅

與人結伴同行

如果有一起運動的伙伴，就可以互相鼓勵，並且快樂地持續運動下去。

使用計步器來確認自己走了多少路

如果能夠確認自己走了多少步，就可以讓自己更有鬥志。平常若沒時間走路，也可以將該走的步數放在週末一次走完。

決定自己想達到的目標

例如在通勤時儘可能快走，或是午休時快走到比較遠的便利商店等等，請決定好自己想達到的目標，付諸實行。

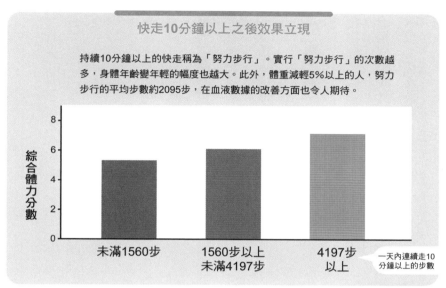

走路方式和鞋子款式也必須注意

以正確的方式來走路，也會增加腹肌、背肌的運動量

走路時請記得以正確的方式（請參照左頁的圖片）來行走。在習慣之前，要在走路時注意每一個重點。走路方式正確會讓上半身的動作增加，腹肌、背肌和腰大肌的運動量自然變多。如此一來，脂肪的燃燒量也會增加。

等到習慣以正確方式走路之後，由於走路時步伐變大，步幅也比之前增加半步，所以會走得更快。走到會輕微喘氣的程度就可以了。另外，在走樓梯的時候，不要一階一階地踩，改為一次踩兩格階梯，這樣更能增加腰大肌的負荷，得到肌肉鍛鍊的效果。

穿著鞋底牢靠的鞋子來行走

選擇鞋子時，請選能夠保護腳底足弓、腳跟處，鞋面柔軟、鞋底較厚的款式。因為腳下的鞋墊合腳舒適，才能確實地保護位於腳底的足弓。最近的紳士鞋和淑女鞋廠商也注意到走路的需求，推出了很多適合走路的款式。請稍微投資在這些鞋子上，從日常生活開始，一點一點地做出改變吧！

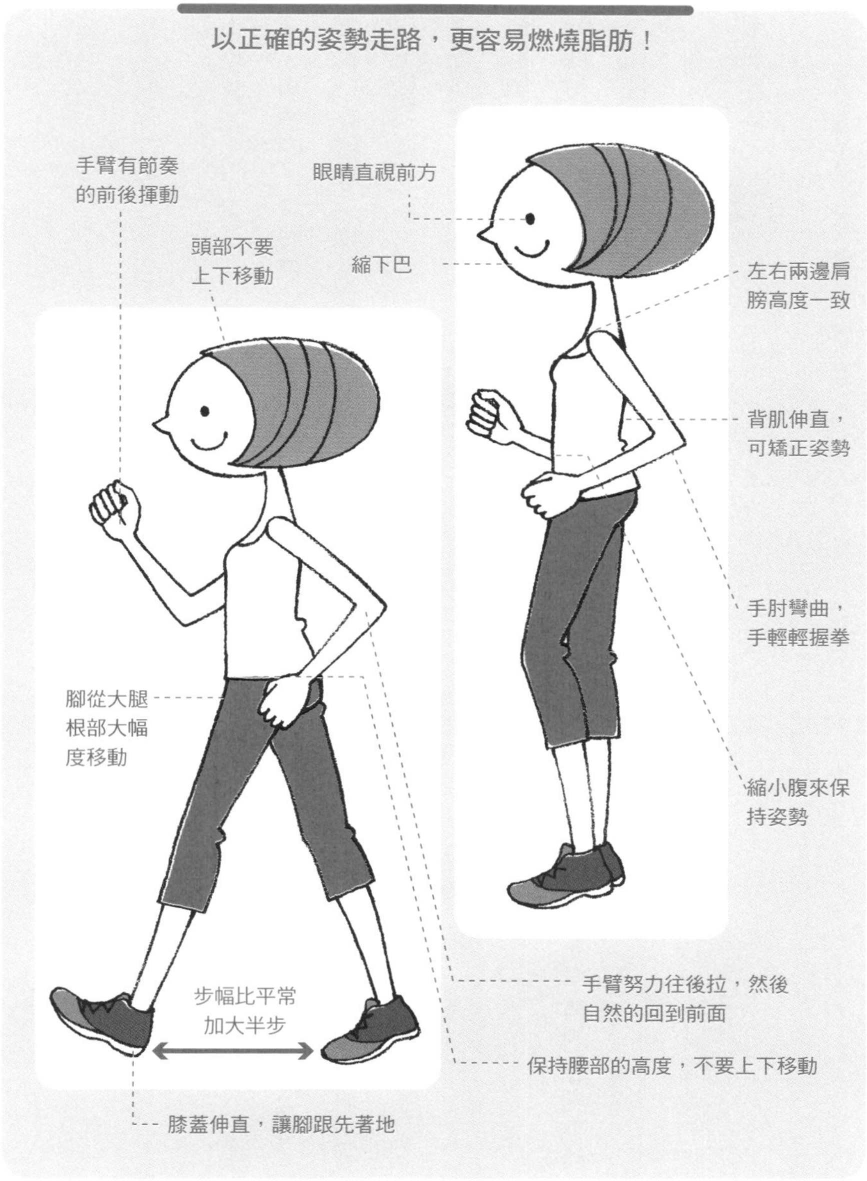
以正確的姿勢走路，更容易燃燒脂肪！
手臂有節奏
的前後揮動
眼睛直視前方
頭部不要
上下移動
縮下巴
左右兩邊肩
膀高度一致
背肌伸直，
可矯正姿勢
手肘彎曲，
手輕輕握拳
腳從大腿
根部大幅
度移動
縮小腹來保
持姿勢
步幅比平常
加大半步
手臂努力往後拉，然後
自然的回到前面
保持腰部的高度，不要上下移動
膝蓋伸直，讓腳跟先著地

控制卡路里也非常重要

飲食不要堅守形式　要彈性地應變

大家常認為，每日三餐都要定時定量。但有時也會發生像今天要跟大家去喝酒、要跟朋友聚餐……事情吧！當我們知道會發生這類事情後，就沒有必要堅持每天三餐都要定時定量。早餐和午餐可以吃得少一點，晚餐再把分量補回來就好。只要以一天內飲食質量的總和來思考就可以了。

這種時候，使用「飲食替換法」最方便，只要把其中一餐用營養輔助食品來「替換」，就能簡單地抑制卡路里，也能攝取到營養。

對於每天必須減少攝取卡路里的人，我也很推薦使用這個方法。只要在平常的飲食中替換掉一餐，就能簡單地減少卡路里的攝取。

另外，如果遇到突發的飲食邀請，只要使用3天內減少飲食的分量，控制飲食質量的總和來做調整即可。

確認平常攝取的食物卡路里

最近在加工食品、便利商店賣的便當、家庭餐廳的菜單上，幾乎都會標示食品所含的卡路里

利用「替換飲食」來控制卡路里

營養輔助食品（例）

目前的早餐（例）

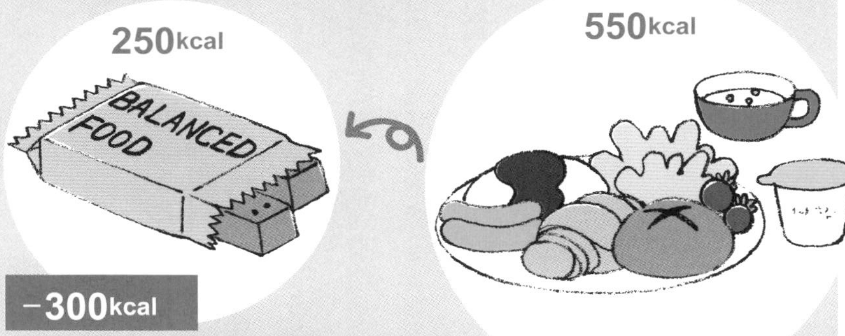

如果事前知道晚上會進行喝酒等活動，可以利用營養輔助食品來減少早餐或午餐的攝取量。

量。就算食品沒有個別標示卡路里，只要知道一餐大致的卡路里量，並得知自己在一天中攝取了多少熱量即可。

總之，在開始實行這個計畫之後，第一個月在用餐時，請稍微注意每天所攝取的卡路里。久了自然會漸漸控制卡路里的攝取量。

還要注意先吃沙拉這類的技巧

飲食的順序也很重要。

如果先吃蔬菜再吃肉類，肉類脂肪的吸收量會有明顯的不同。

韓國人在吃烤肉的時候，一定都會以蔬菜包著肉一起吃。法式料理也都是先上沙拉再上主餐。原因就在於，先吃蔬菜可達到抑制油脂的效果。

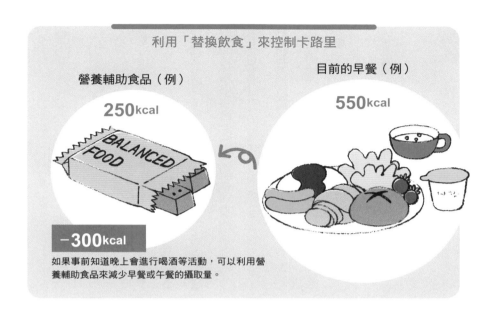

想長出肌肉就必須攝取蛋白質和維他命D

在肌肉鍛鍊後馬上攝取蛋白質就能增加肌力！

在第61頁中曾提到，如果能在肌肉鍛鍊完的30分鐘內攝取蛋白質，肌肉量就會增加更多。請看一下左頁上方的圖表。這個圖表的內容，是分別在運動前、運動後、運動完的3小時後攝取蛋白質，然後測量下半身蛋白質含量的結果。

運動前身體的蛋白質含量雖然減少，但是我們可以看到，如果在運動後馬上攝取蛋白質，肌肉內的蛋白質含量就會增加，能夠更有效率地發揮作用。如果在運動完3小時後才攝取蛋白質，肌肉的蛋白質含量是不會增加的。

雞蛋、牛肉、豬肉、肌肉、大豆製品、牛奶等都是富含蛋白質的食物，肌肉鍛鍊後的飲食，只要注意多攝取這些食材就可以了。

同時攝取維他命D，肌肉會更加強健

如果同時攝取蛋白質和維他命D，肌肉的靈活度會變得更好。另外，因年紀大導致骨質密度降低時，維他命D也有增加骨質密度的功效。

像木耳這類的菇蕈類，以及鮭魚、鰻魚、秋刀魚等魚類，都是富含維他命D的食物。只要每

天在飲食中吃到其中幾項，就不會發生缺乏維他命D的問題。在注意飲食之餘，適度曬曬太陽也很重要。

根據環境省「紫外線環境保健指南」的內容指出，一天中只要讓身上大約雙手手背的面積曬15分鐘的太陽，或是在樹蔭等地方待上30分鐘左右，照射的陽光量就足夠了。（曬太久容易造成皮膚癌，請多加注意）

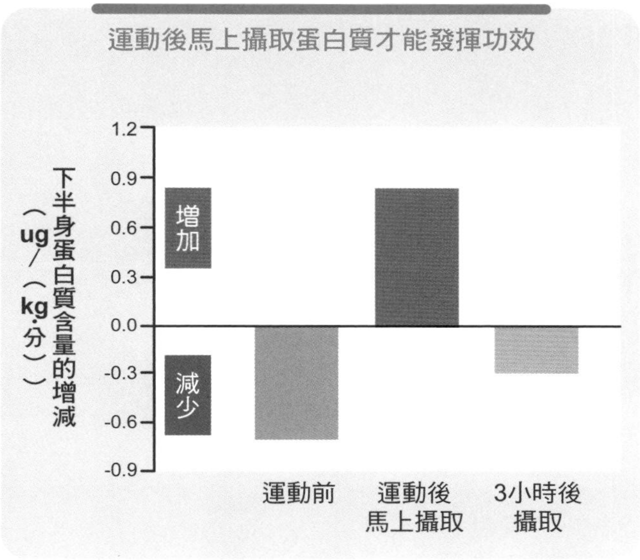

（Levenhagenら　2001）

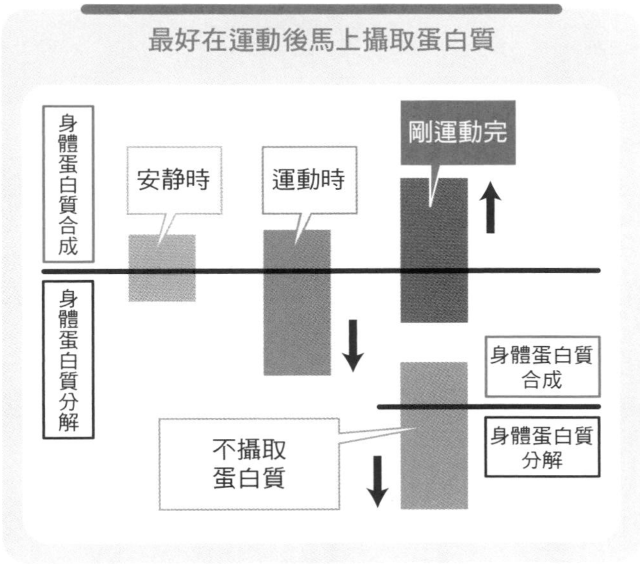

實用的附錄

一邊做〇〇，一邊鍛鍊肌肉吧！

只要每天利用一點點時間來做肌肉鍛鍊，就能避免半途而廢，並且持續下去。這篇將為你介紹能夠簡單鍛鍊的時機，以及這個時機可以做的肌肉鍛鍊。

看電視時

利用廣告時間做一點鍛鍊

只要利用廣告時間做簡單的肌肉鍛鍊，連曾經鍛鍊失敗的人也很容易繼續進行下去。就算持續鍛鍊，也只需要花幾分鐘的時間喔！

坐著抬腿（P68）

在坐著伸展背肌的狀態下，把膝蓋往上抬。強化腹肌及腰大肌。

＋

腿向外側張開

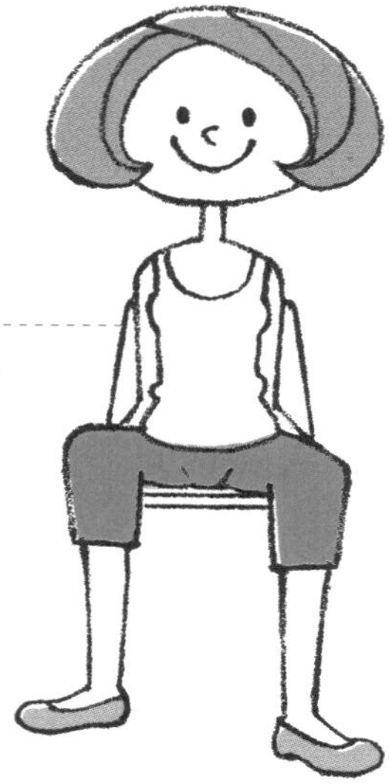

不要靠在椅背上，背肌伸直。

1 坐在椅子前端，單邊腳稍微往上抬。

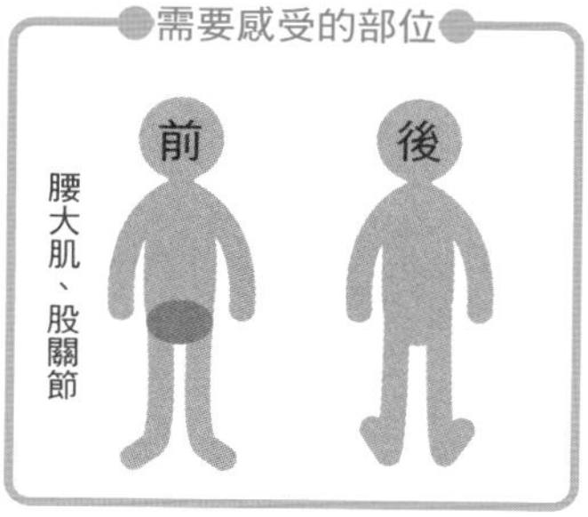

2 將手放在抬起那隻腳的內側，並把腳朝外張開，放在內側的手隨著腳張開輕輕壓出去。然後再像手被推回來一般，慢慢回復到1的姿勢。

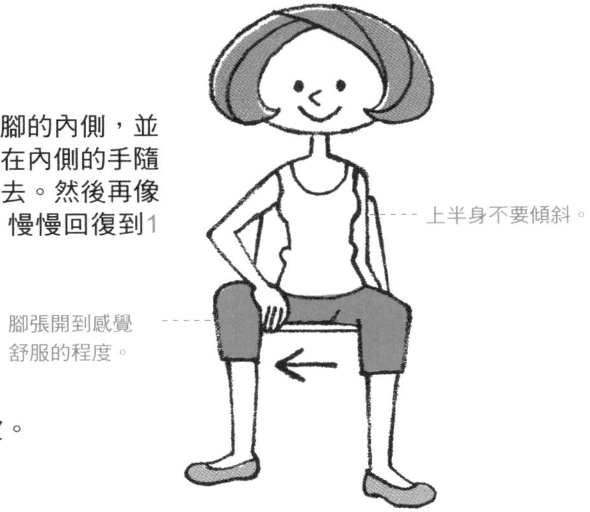
上半身不要傾斜。
腳張開到感覺舒服的程度。

3 左右交換各做10次。

＋

仰臥起坐

2 雙臂向前伸直，指尖接觸大腿，然後像要靠近肚臍觀看一般，邊吐氣邊緩慢將上身抬起，將背部抬離地板。

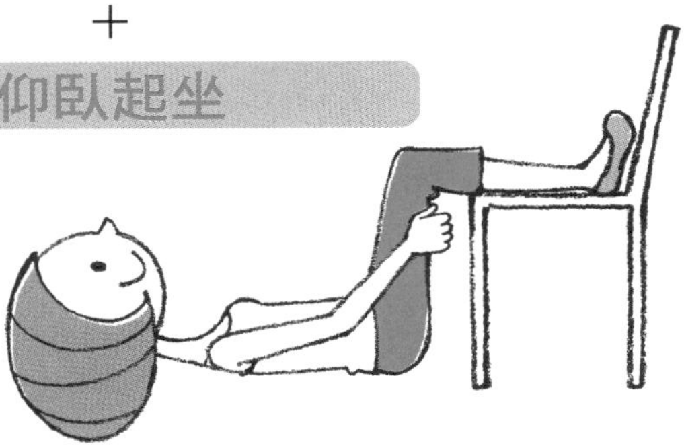

1 面朝上仰躺，雙腳放在椅子的座面上。把手放在大腿後側。

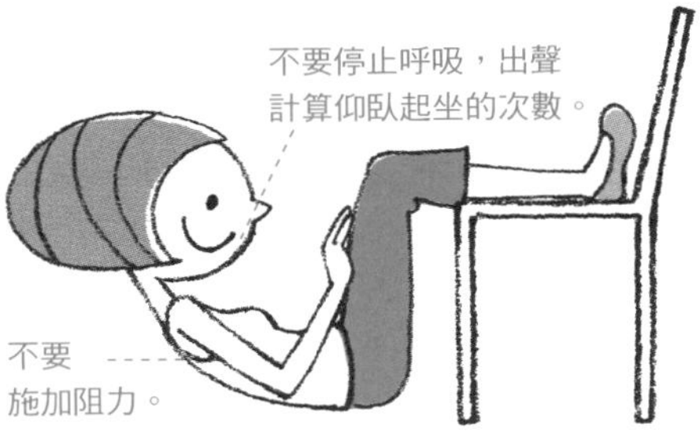
不要停止呼吸，出聲計算仰臥起坐的次數。
不要施加阻力。

3 慢慢回復到1的姿勢。

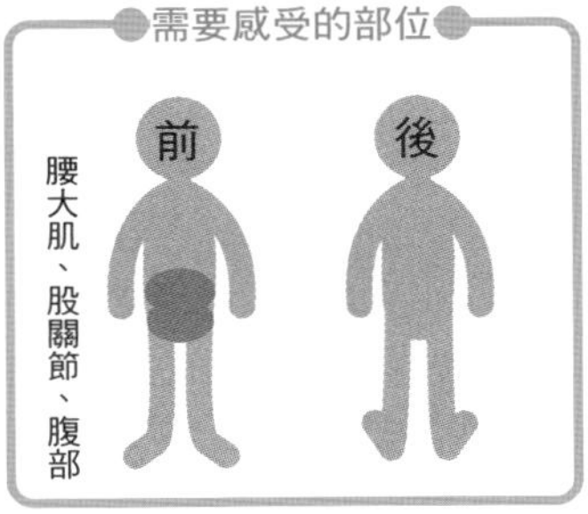
需要感受的部位
前
後
腰大肌、股關節、腹部

工作時

～利用工作或做家事的空檔～

可利用要去廁所之前、休息時間或要吃午餐之前的小空檔來做的肌肉鍛鍊。當然也很適合在家事空檔時進行。3組動作接連著做會更有效果。

深蹲（P73）

將膝蓋彎曲呈45度角的深蹲。可強化腰大肌及腿部、臀部的肌肉。

＋

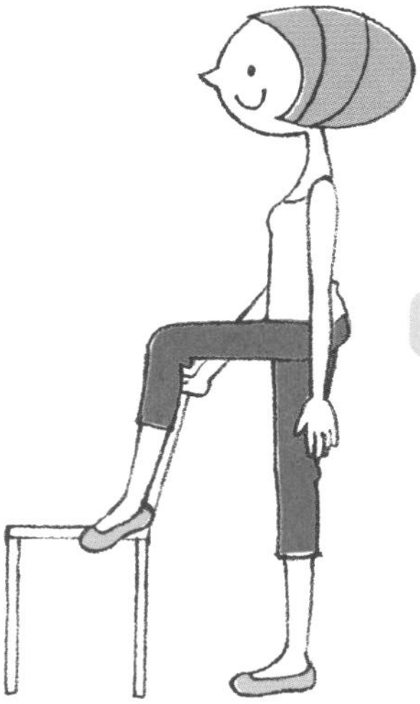

站著把腿抬起來（P74）

站著把腳抬起來，直到大腿與地面呈平行為止。可強化腹肌及腰大肌。

＋

腳往後踢出（P75）

站著把腳從腳跟部分慢慢往後踢。可強化臀部及大腿後側的肌肉。

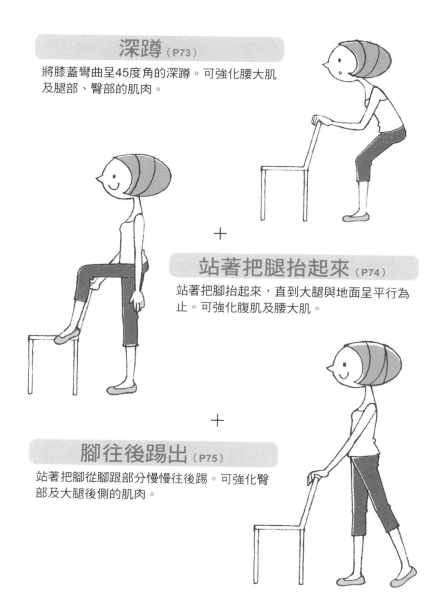

睡前

可在睡前進行的肌肉鍛鍊。鍛鍊完之後，會因為疲倦而睡得非常香甜。

背肌（P80）

俯臥在地上，手肘和膝蓋伸直。將對角線上的手臂和腳往上抬。

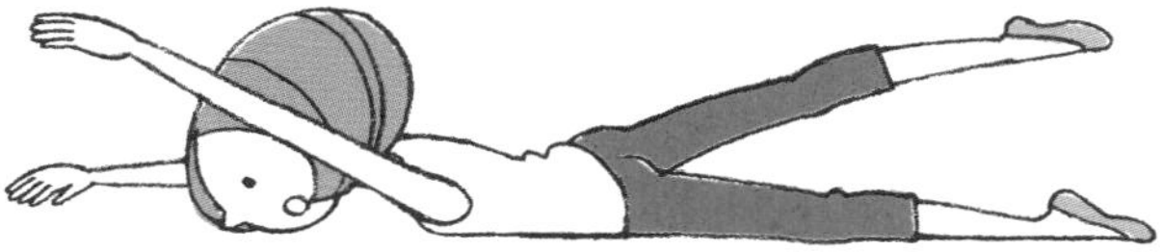

＋

仰臥起坐（P81）

面朝上仰躺，把膝蓋立起來，將上身抬起。可強化腹肌及腰大肌。

＋

全身放鬆

面朝上仰躺，雙手雙腳恣意伸展出去，然後身體放鬆。

針對腰痛的你

推薦給腰痛者的肌肉鍛鍊。請保持自然呼吸，在不會感受到疼痛的情況下進行。當有些動作出現疼痛感時，請立即中止。

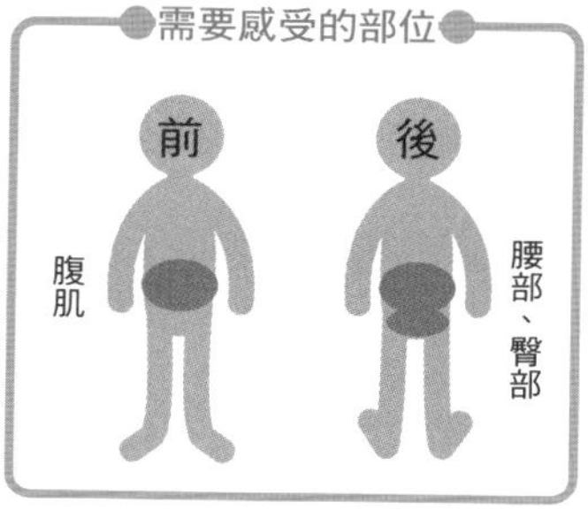

伸展腰部和臀部

1 面朝上仰躺，雙手抱住膝蓋。

2 將膝蓋往胸口拉近，直到出現舒服的緊繃感為止，停留10至20秒。

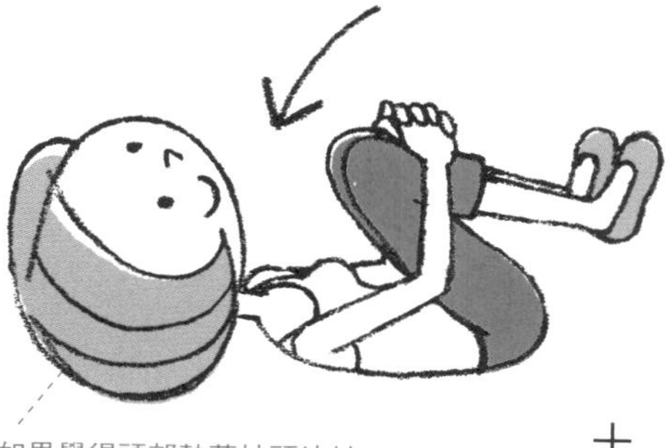

如果覺得頭部墊著枕頭比較輕鬆，也可以使用枕頭。

3 動作重複1至2次。

＋

伸展股關節周圍

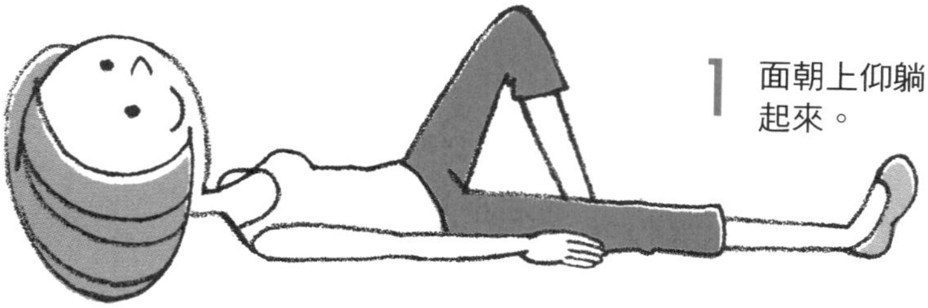

1 面朝上仰躺，把左膝立起來。

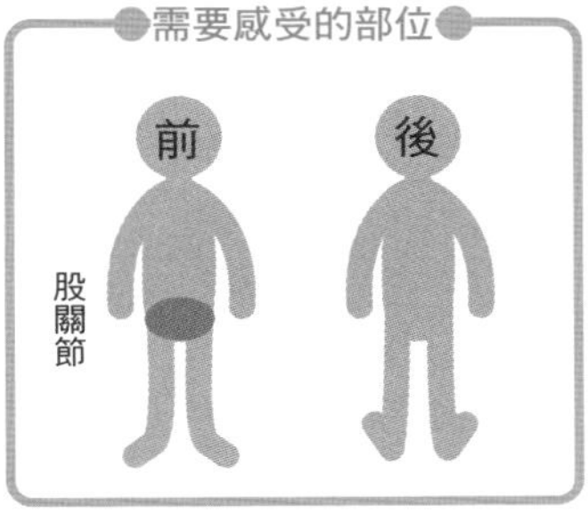

2 將手放在左邊大腿內側，連同整隻左腳慢慢朝外側倒下。直到出現舒服的緊繃感為止，並停留10至20秒。

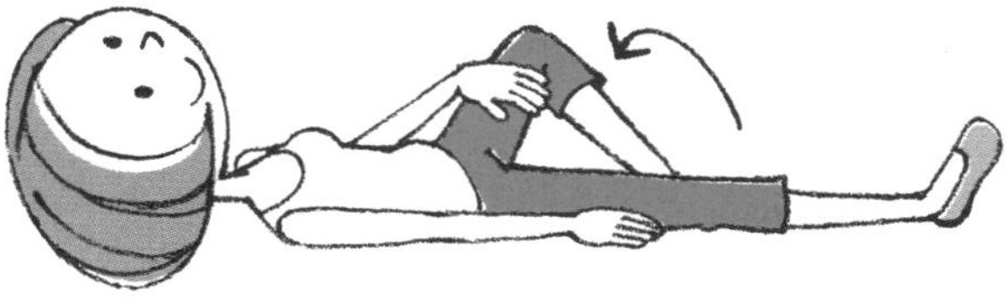

3 右腳也要進行同樣的動作。

＋

傾斜骨盤

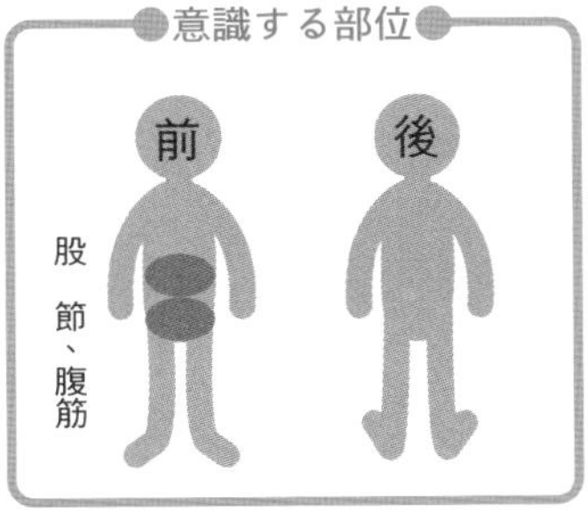

1 面朝上仰躺，把膝蓋立起來。雙腳張開與肩同寬，把手放在腰部與地板之間的空隙中。

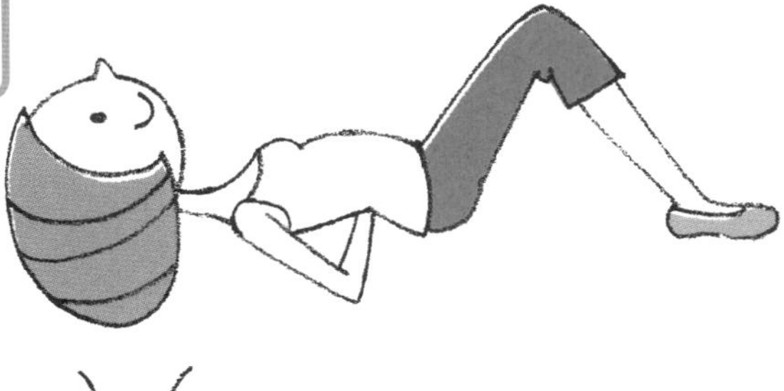

2 一邊吐氣，肚子一邊用力，將腰部往下壓到地板上。然後停留5秒再放鬆。

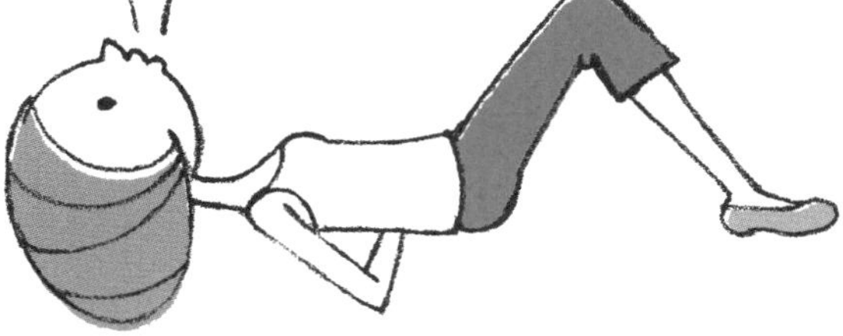

3 動作重複10次。

結語

我想無論任何人，都不想過著臥病不起、必須讓別人看護的日子。大家都想過著「健幸（健康長壽，並且能感受到健全的幸福）」的人生。但事實上，能擁有「健幸」生活的人，實在是少之又少。

若想得到「健幸」，就必須延長健康（身體有活力的時期）的時間。

想一直充滿活力，吃好吃的食物，去旅行，追求流行。想讓這樣的日子長久下去，最基本的條件就是能用自己的雙腳行走。

爲了延長健康壽命，爲了擁有「健幸」人生，就來實踐目前辦得到的事情吧！

只要持續進行本書中所介紹的運動程序，就能夠把獲得的成果視爲是種儲蓄，來延緩必定會來臨的「老化」。

只要確實鍛鍊腹肌、背肌和腰大肌，就能預防罹患比代謝症候群更可怕的肌少型肥胖症，並且也能夠一直充滿活力，每天都用自己的雙腳來行走。

讓我們一起來鍛鍊更健康，不會感到老化，並且充滿活力的身體吧！

久野譜也

國家圖書館出版品預行編目資料

體脂肪、肥贅肉OUT！：29招打造逆齡S曲線: 每天10分鐘輕鬆鍛鍊背肌.腹肌.腰大肌 / 久野譜也著. -- 初版. -- 新北市：養沛文化館, 2014.08面； 公分. -- (SMART LIVING養身健康觀；85)
ISBN 978-986-5665-02-9(平裝)
1.塑身 2.減重 3.健身運動

425.2 103014023

【SMART LIVING 養身健康觀】85

體脂肪 & 肥贅肉　OUT！29 招打造逆齡 S 曲線：每天 10 分鐘輕鬆鍛鍊背肌 · 腹肌 · 腰大肌

作　　者／久野譜也
譯　　者／姜柏如
發 行 人／詹慶和
總 編 輯／蔡麗玲
執行編輯／白宜平
編　　輯／蔡毓玲・劉蕙寧・詹凱雲・黃璟安・李姿伶・李佳穎
執行美術／周盈汝
美術編輯／陳麗娜・李盈儀
出 版 者／養沛文化館
郵政劃撥帳號／18225950
戶名／雅書堂文化事業有限公司
地址／新北市板橋區板新路206號3樓
電子信箱／elegant.books@msa.hinet.net
電話／(02)8952-4078
傳真／(02)8952-4084

2014年08月初版一刷　定價280元

BYOUKI NI NARANAI HAIKIN TO FUKKIN NO KITAEKATA

Illustrations by Sakiho Kurazumi
Originally published in Japan in 2014 by PHP Institute, Inc.
Traditional Chinese translation rights arranged with PHP Institute, Inc. through CREEK&RIVER CO., LTD.
總經銷／朝日文化事業有限公司
進退貨地址／新北市中和區橋安街15巷1號7樓
電話／（02）2249-7714　傳真／（02）2249-8715

女生不痛、不病、不鬱 10分鐘健康操！

以大自然運行的力量，選擇適合體質運動，恢復身體自癒力！

身為女性因為工作與家庭的壓力，
往往累出一身疾病，這時該怎麼辦呢？

本書的十分鐘運動，是針對活絡身體的血液循環及臟腑的先天之氣所設計，可促進肝臟養血，能幫助心臟血液循環，協助脾胃吸收，自然肺部也就能有充足的氧氣流動，幫助腎臟生水。這是自然界生生不息的運作方式，也是每個人每天的生活養生方式。

SMART LIVING養身健康觀80

女生不痛、不病、不鬱 10 分鐘健康操！
以大自然運行的力量，選擇適合體質運動，
恢復身體自癒力！

作者：劉麗娜
定價：280元
規格：17×23公分．176頁．彩色

天天這樣吃 & 這樣動，養出好骨力！

本書透過認識「架」起一身健康的骨骼，從骨骼的架構、組成、適合的食物、破壞骨質的元素、骨骼相關病症全方位介紹之外，更精心搭配嚴選養骨湯食譜 + 保鈣蔬果汁 + 骨骼保養運動全面預防保健常見骨骼疾病，讓您脫胎換「骨」，和老骨頭說掰掰！

從現在起開始保存骨本，培養滿滿的骨力與元氣，成為有骨氣的現代人！

SMART LIVING養身健康觀82

天天這樣吃 & 這樣動，養出好骨力！

作者：養沛文化編輯部

定價：280元

規格：17×23公分 · 208頁 · 彩色

Elegantbooks
以閱讀，享受健康生活

SMART LIVING 養身健康觀67

提升代謝力不飢餓飲食法

作者：簡芝妍
定價：250元
規格：17×23公分．224頁．彩色+套色

肥胖會造成便祕、呼吸不良、糖尿病、關節疾病、心血管疾病、乳癌、痛風等，但拚命的節食，不但傷身，還會越減越肥。因此若想要健康的享瘦，健康的吃是有效瘦身的第一步。☆瘦身一定要節食不吃嗎？一定要忍受難吃的瘦身餐嗎？本書就要與你分享在實施瘦身階段，又能享受食物的樂趣。

SMART LIVING 養身健康觀68

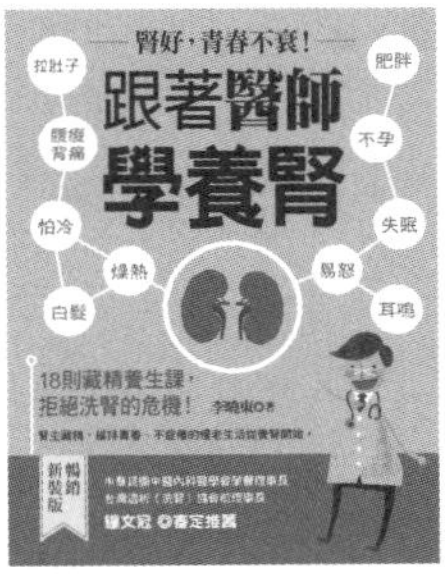

跟著醫生學養腎

作者：李曉東
定價：250元
規格：17×23公分．224頁．套色

腎臟病多年來一直是國人十大死因之一！腎臟尿毒症，被人們稱為第二癌症！因此對於腎臟病，你必須有以下認知：不要以為尿液乾淨清澈，腎臟就沒問題！腰痛可能是腎臟有問題的警訊！憋尿也會引起腎臟病……但其實腎臟病是可以治療，甚至臨床上是能治癒的，居家保健是醫療外腎臟病康復的不二法門。

SMART LIVING 養身健康觀69

做個鹼性健康人【暢銷新裝版】

作者：劉正才．朱依柏．鄒金賢
定價：224元
規格：17×23公分．240頁．套色

日趨精緻的飲食文化，讓味蕾變得挑剔，尋求美味的同時，你一定不會發現，你的體質正悄悄地酸化……讓自己的體質維持在弱鹼性，是遠離疾病的第一步。
本書提供微鹼食物、及生機飲食，搭配運動和日常生活下手，讓你輕鬆做個鹼性健康人！

SMART LIVING 養身健康觀70

不可思議的冬蟲夏草

作者：王全成
定價：200元
規格：17×23公分．208頁．單色

本書從冬蟲夏草的形態、傳說、生態學的特徵、其獨特的藥性說起，講到人工蛹蟲草的種植，怎樣辨別蛹蟲草的真偽，並揭秘蛹蟲草治病的奧秘，列舉出食用時的種種注意事項……透過此書，你將對冬蟲夏草及蛹蟲草有一個全面瞭解，從而正確地運用這味中藥珍寶。

SMART LIVING 養身健康觀63

阿嬤的自然養生方(暢銷新裝版)

作者：養沛文化編輯部
定價：250元
規格：17×23公分．256頁．套色

本書以中醫藥學為基礎，嚴選具有醫學根據的自然療法，再為大家分析偏方中的有效成分，及對疾病的作用，能夠讓你在瞭解偏方原理後，再遵循醫師指導使用，可預防常見疾病，達到延年益壽的目的。給你健康不生病的好體質！

SMART LIVING 養身健康觀64

彩虹飲食的驚人療癒力

作者：簡芝妍
定價：280元
規格：17×23公分．240頁．彩色

彩虹飲食透過光合作用在食物表面形成各種鮮艷的天然色彩，如白、紅、黃、綠、紫黑、白等，具有獨特如彩虹般美麗色彩的天然食物，每一種顏色都深具獨特的營養。與動物飲食不同的是，天然植物裡面存在著極大的能量，可以提供人們的所需。最天然、無副作用的樂活食補，讓你自在無負擔地擁有「真健康」！

SMART LIVING 養身健康觀65

養出不致癌的好體質

作者：劉麗娜
定價：240元
規格：17×23公分．224頁．套色

最純樸且無害的飲食與生活方式對身體最好！挽救免疫系統，提高抗癌力，從正常飲食與生活方式開始！癌症並不可怕，只要你知道怎麼照顧自己，癌症也就不會找上你。建議你，遵循生理時鐘，多攝取天然蔬果及穀物，便能打造強健的免疫和自癒系統，積極對抗致癌物質，保持身心平衡，養出最佳抗癌自癒力！

SMART LIVING 養身健康觀66

這樣吃，養一個聰明寶寶

作者：簡芝妍
定價：240元
規格：17×23公分．240頁．彩色

依據發展心理學家皮亞傑所說，在小學畢業前是「具體運思成熟時期」，也就是說當孩子在12歲之前對物體及概念的認知已具體成熟。這其中又以0至2歲階段，是孩子腦部細胞發育的高峰階段，而6歲就約完成腦部發育所有階段，因此自小越重視孩童的腦部保健，越有機會幫助孩子培養出身心健全、靈活聰明的一生。

Elegantbooks
以閱讀，享受健康生活

SMART LIVING 養身健康觀75

惱人的過敏，不見了！

作者：陳素素
定價：250元
17x23cm · 192頁 · 雙色

依據醫學研究顯示，目前過敏的人數有日益增多的趨勢，發病症狀也各不相同，本書從全方位的過敏角度，不論是過敏性皮膚炎、過敏性鼻炎、過敏性哮喘，或是兒童過敏、女性過敏、食物過敏，給你最實用的知識。從調理體質，強健五臟六腑開始，瞭解自己及家人的體質，找尋過敏的真正原因，才能把自身的免疫體系調整到最佳狀態！

SMART LIVING 養身健康觀76

懶人也學得會的消病痛運動方！每日15分鐘，多活3年！

作者：劉麗娜
定價：280元
17×23cm · 192頁 · 彩色

根據科學家們的統計發現，身體運動量不足早已成為現代人生活普遍存在的大問題。過度依賴醫生和藥物，也讓我們的健康狀況形成了一種惡性循環。本書針對不同的體質、不同的疾病、不同的心理問題，開出了不同方式、有目的、有科學理論依據的「運動處方箋」，以此來指引不同疾病的患者，借助運動來充分調養身體。

SMART LIVING 養身健康觀77

吃鹽，每天6公克就夠了！

作者：簡芝妍
定價：280元
17×23cm · 224頁 · 彩色

鹽就像是一個百變的魔術師，與我們的生活密不可分。只可惜一般人對於鹽的認知，大多停留在調味料的角色。本書帶你一起探索鹽的奇妙世界， 從飲食保健、美容醫療、生活智慧、家庭清潔到廚房管理，把鹽當作生活的好幫手，活用身邊唾手可得的天然鹽！

SMART LIVING 養身健康觀78

不勞不累，養好腎！

作者：劉麗娜／審定：鐘文冠
定價：280元
17 x 23 x cm · 208頁 · 雙色印刷

本書飲食+運動+穴位按摩的自療方，【吃的對】可以讓你補足腎臟所需營養，讓五臟共享豐盈；【動一動】可以增強你的腎氣，讓身體維持血液的流動；【按一按】穴位按摩的自療方，讓你可以強精健身，活力百倍。維持生長、生育、智力、壽命的養生方，從生活開始愛腎養腎，健康無病痛的活到老。

SMART LIVING 養身健康觀71

養出不生病的溫暖體質

作者：簡芝妍
定價：250元
規格：17×23公分 · 160頁 · 彩色

人體是恆溫動物，因此人體體溫中樞會極盡所能的將溫度維持在37℃，以控制身體各器官能維持正常運作。但如果人體體溫整體下降1℃，則會使免疫力下降百分之三十。因此提高體溫不但可以讓我們免疫力增強，也能預防疾病。人體體溫若能維持在36.5℃以上，則免疫力就能增強五倍。當體溫升高時，癌細胞也較不容易繁殖，自然也能避免疾病。

SMART LIVING 養身健康觀72

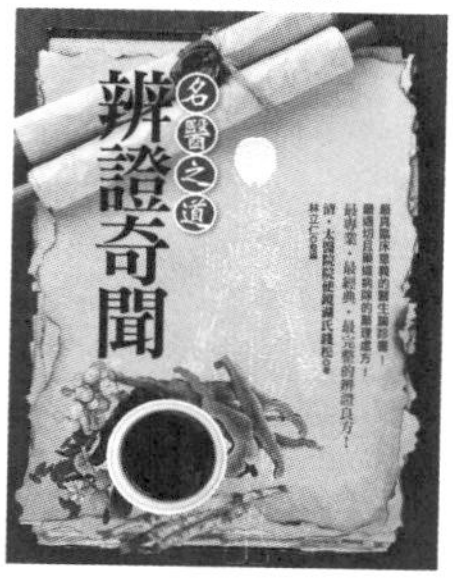

辨證奇聞

作者：清．太醫院院使鏡湖氏錢松
定價：580元
規格：17×23公分 · 624頁 · 單色

本書不論是內科、外科、婦科、小兒科，及身體的各個系統，針對每一症狀，以陰陽概念釐清病情；及五行相生剋的道理，辨析症狀，再以臨床處方及藥理說明，詳解藥材的使用，共提出共一〇二門分類別科。提出中肯適切的對症方法，輔以現代白話的說明文字，並針對常見的錯誤觀念，給予臨床上的提醒，是最實用的醫病經驗寶典。

SMART LIVING 養身健康觀73

準媽咪必備的中醫助孕&養胎枕邊書

作者：郝俊瑩
定價：208元
規格：17×23公分 · 280頁 · 彩色

中國人向來注重子嗣的傳承，對婦人備孕、待孕、產子早就有諸多深入的研究。比起西醫，中醫是直接由腦下垂體給予身體適當的調理，以全身氣、血、津液三者的調理，調和女性的情志，養好精氣神，更注重體質的根本調理，消除病源； 並針對不同的體質，進行各項分類的研究，施以正確的調理方法。

SMART LIVING 養身健康觀74

阿育吠陀．神奇的身心靈養生術

作者：日本自然療癒中心．西川真知子
定價：350元
17×23cm · 176頁 · 彩色+單色

現今過多的精緻物質早已破壞人類的身心及大自然的平衡，最早的「排毒」及「抗老」的觀念就是源自「阿育吠陀」，是傳統的印度古醫學，以按摩．瑜伽．呼吸法．食療法．自我保健等方式，平衡水、火、風等三大能量，教你淨化身心及擁有自癒力。